网络空间安全重点规划丛书

漏洞扫描与防护

杨东晓 张锋 段晓光 马楠 编著

清华大学出版社
北京

内 容 简 介

本书共分为9章。首先介绍漏洞的分类、特征和发展等基本知识,漏洞扫描的技术和流程;然后分析网络设备的常见漏洞及防范措施,操作系统的常见漏洞及防范措施,数据库的常见漏洞及防范措施,Web系统的常见漏洞及防范措施,用户名及口令猜解的类型与防范措施等方面的内容;最后描述软件配置检查的方法和标准,并结合详细案例对需求和解决方案进行详细分析解读,帮助读者更透彻地掌握漏洞扫描和防护。

本书每章后均附有思考题总结该章知识点,以便为读者的进一步阅读提供思路。

本书由奇安信集团针对高校网络空间安全专业的教学规划组织编写,既可作为信息安全、网络空间安全专业及网络工程、计算机技术应用型人才培养与认证体系中的教材,也可作为负责网络安全运维的网络管理人员和对网络空间安全感兴趣的读者的基础读物。

图书在版编目(CIP)数据

漏洞扫描与防护/杨东晓等编著. —北京:清华大学出版社,2019(2024.1重印)
(网络空间安全重点规划丛书)
ISBN 978-7-302-51716-0

Ⅰ.①漏… Ⅱ.①杨… Ⅲ.①计算机网络－网络安全－教材 Ⅳ.①TN393.08

中国版本图书馆 CIP 数据核字(2018)第 266960 号

责任编辑:张　民　常建丽
封面设计:常雪影
责任校对:焦丽丽
责任印制:宋　林

出版发行:清华大学出版社
　　　网　　　址:https://www.tup.com.cn,https://www.wqxuetang.com
　　　地　　　址:北京清华大学学研大厦 A 座　　　　　邮　　编:100084
　　　社 总 机:010-83470000　　　　　　　　　　　邮　　购:010-62786544
　　　投稿与读者服务:010-62776969,c-service@tup.tsinghua.edu.cn
　　　质量反馈:010-62772015,zhiliang@tup.tsinghua.edu.cn
　　　课件下载:https://www.tup.com.cn,010-83470236
印 装 者:三河市人民印务有限公司
经　　销:全国新华书店
开　　本:185mm×260mm　　　　印　张:9　　　　　字　　数:205 千字
版　　次:2019 年 1 月第 1 版　　　　　　　　　　印　　次:2024 年 1 月第 8 次印刷
定　　价:29.00 元

产品编号:080631-01

网络空间安全重点规划丛书

编审委员会

出版说明

21世纪是信息时代,信息已成为社会发展的重要战略资源,社会的信息化已成为当今世界发展的潮流和核心,而信息安全在信息社会中将扮演极为重要的角色,它会直接关系到国家安全、企业经营和人们的日常生活。随着信息安全产业的快速发展,全球对信息安全人才的需求量不断增加,但我国目前信息安全人才极度匮乏,远远不能满足金融、商业、公安、军事和政府等部门的需求。要解决供需矛盾,必须加快信息安全人才的培养,以满足社会对信息安全人才的需求。为此,教育部继2001年批准在武汉大学开设信息安全本科专业之后,又批准了多所高等院校设立信息安全本科专业,而且许多高校和科研院所已设立了信息安全方向的具有硕士和博士学位授予权的学科点。

信息安全是计算机、通信、物理、数学等领域的交叉学科,对于这一新兴学科的培养模式和课程设置,各高校普遍缺乏经验,因此中国计算机学会教育专业委员会和清华大学出版社联合主办了"信息安全专业教育教学研讨会"等一系列研讨活动,并成立了"高等院校信息安全专业系列教材"编审委员会,由我国信息安全领域著名专家肖国镇教授担任编委会主任,指导"高等院校信息安全专业系列教材"的编写工作。编委会本着研究先行的指导原则,认真研讨国内外高等院校信息安全专业的教学体系和课程设置,进行了大量具有前瞻性的研究工作,而且这种研究工作将随着我国信息安全专业的发展不断深入。系列教材的作者都是既在本专业领域有深厚的学术造诣,又在教学第一线有丰富的教学经验的学者、专家。

该系列教材是我国第一套专门针对信息安全专业的教材,其特点是:

① 体系完整、结构合理、内容先进。

② 适应面广:能够满足信息安全、计算机、通信工程等相关专业对信息安全领域课程的教材要求。

③ 立体配套:除主教材外,还配有多媒体电子教案、习题与实验指导等。

④ 版本更新及时,紧跟科学技术的新发展。

在全力做好本版教材,满足学生用书的基础上,还经由专家的推荐和审定,遴选了一批国外信息安全领域优秀的教材加入系列教材中,以进一步满足大家对外版书的需求。"高等院校信息安全专业系列教材"已于2006年年初正式列入普通高等教育"十一五"国家级教材规划。

2007年6月,教育部高等学校信息安全类专业教学指导委员会成立大会暨第一次会议在北京胜利召开。本次会议由教育部高等学校信息安全类专业教学指导委员会主任单位北京工业大学和北京电子科技学院主办,清华大学出版社协办。教育部高等学校信息安全类专业教学指导委员会的成立对我国信息安全专业的发展起到重要的指导和推动作用。2006年,教育部给武汉大学下达了"信息安全专业指导性专业规范研制"的教学科研项目。2007年起,该项目由教育部高等学校信息安全类专业教学指导委员会组织实施。在高教司和教指委的指导下,项目组团结一致,努力工作,克服困难,历时5年,制定出我国第一个信息安全专业指导性专业规范,于2012年年底通过经教育部高等教育司理工科教育处授权组织的专家组评审,并且已经得到武汉大学等许多高校的实际使用。2013年,新一届教育部高等学校信息安全专业教学指导委员会成立。经组织审查和研究决定,2014年以教育部高等学校信息安全专业教学指导委员会的名义正式发布《高等学校信息安全专业指导性专业规范》(由清华大学出版社正式出版)。

2015年6月,国务院学位委员会、教育部出台增设"网络空间安全"为一级学科的决定,将高校培养网络空间安全人才提到新的高度。2016年6月,中央网络安全和信息化领导小组办公室(下文简称中央网信办)、国家发展和改革委员会、教育部、科学技术部、工业和信息化部及人力资源和社会保障部六大部门联合发布《关于加强网络安全学科建设和人才培养的意见》(中网办发文〔2016〕4号)。2019年6月,教育部高等学校网络空间安全专业教学指导委员会召开成立大会。为贯彻落实《关于加强网络安全学科建设和人才培养的意见》,进一步深化高等教育教学改革,促进网络安全学科专业建设和人才培养,促进网络空间安全相关核心课程和教材建设,在教育部高等学校网络空间安全专业教学指导委员会和中央网信办资助的网络空间安全教材建设课题组的指导下,启动了"网络空间安全重点规划丛书"的工作,由教育部高等学校网络空间安全专业教学指导委员会秘书长封化民教授担任编委会主任。本规划丛书基于"高等院校网络空间安全专业系列教材"坚实的工作基础和成果、阵容强大的编审委员会和优秀的作者队伍,目前已经有多本图书获得教育部和中央网信办等机构评选的"普通高等教育本科国家级规划教材""普通高等教育精品教材""中国大学出版社图书奖"和"国家网络安全优秀教材奖"等多个奖项。

"网络空间安全重点规划丛书"将根据《高等学校信息安全专业指导性专业规范》(及后续版本)和相关教材建设课题组的研究成果不断更新和扩展,进一步体现科学性、系统性和新颖性,及时反映教学改革和课程建设的新成果,并随着我国网络空间安全学科的发展不断完善,力争为我国网络空间安全相关学科专业的本科和研究生教材建设、学术出版与人才培养做出更大的贡献。

我们的E-mail地址是:zhangm@tup.tsinghua.edu.cn,联系人:张民。

"网络空间安全重点规划丛书"编审委员会

前　言

没有网络安全,就没有国家安全;没有网络安全人才,就没有网络安全。

为了更多、更快、更好地培养网络安全人才,如今,许多高校都在努力培养网络安全人才,都在加大投入,并聘请优秀老师,招收优秀学生,建设一流的网络空间安全专业。

网络空间安全专业建设需要体系化的培养方案、系统化的专业教材和专业化的师资队伍。优秀教材是培养网络空间安全专业人才的关键,但这是一项十分艰巨的任务。原因有二:其一,网络空间安全的涉及面非常广,包括密码学、数学、计算机、操作系统、通信工程、信息工程、数据库、硬件等多门学科,因此,其知识体系庞杂、难以梳理;其二,网络空间安全的实践性很强,技术发展更新非常快,对环境和师资要求也很高。

"漏洞扫描与防护"是高校网络空间安全和信息安全专业的基础课程,通过对漏洞各知识面的介绍帮助读者掌握漏洞扫描与防护。本书涉及的知识面宽,共分为 9 章。

第 1 章介绍漏洞基本知识,第 2 章介绍安全漏洞扫描系统,第 3 章介绍网络设备漏洞及其防范措施,第 4 章介绍操作系统漏洞及其防范措施,第 5 章介绍数据库系统漏洞及其防范措施,第 6 章介绍 Web 系统漏洞及其防范措施,第 7 章介绍用户名及口令猜解,第 8 章介绍软件配置检查,第 9 章介绍典型案例。

本书既适合作为高校网络空间安全、信息安全等相关专业课程的教材和参考资料,也适合网络安全研究人员作为网络空间安全的入门基础读物。

本书编写过程中得到奇安信集团的王嘉、董少飞、任涛、裴智勇、翟胜军、北京邮电大学雷敏等专家学者的鼎力支持,在此对他们的工作表示衷心感谢!

由于作者水平有限,书中难免存在疏漏和不妥之处,欢迎读者批评指正。

作　者
2018 年 12 月

目 录

第1章 漏洞的基本知识

2017年5月12日起,全球范围内爆发基于Windows网络共享协议进行攻击传播的蠕虫恶意代码,这是不法分子通过改造之前泄漏的NSA黑客武器库中"永恒之蓝"攻击程序发起的网络攻击事件。5个小时内,包括英国、俄罗斯等欧洲多国以及中国国内多所高校校内网、大型企业内网和政府机构专网中招,被勒索支付高额赎金后才能解密恢复文件,对重要数据造成严重损失。类似的软件漏洞事件层出不穷,这也间接表明,随着全球信息化的迅猛发展,软件在便利我们生活的同时,也给我们带来了很大的危害,其安全问题日益突出。软件漏洞是安全问题的根源之一。随着互联网和软件技术的不断发展,软件漏洞的数量日益增加,造成的危害也越来越大,由其引发的信息窃取、资源被控、系统崩溃等问题会对国民经济、社会稳定等产生重大威胁。因此,对软件漏洞的研究和防护日益受到重视。

本章主要介绍漏洞的基础知识。通过本章的学习,可以理解漏洞的定义和成因、漏洞的特征及危害、常见的漏洞类型以及漏洞的现状和未来发展趋势。

1.1 漏洞概述

1.1.1 漏洞的定义

漏洞(vulnerability)是指计算机系统的硬件、软件、协议在系统设计、具体实现、系统配置或安全策略上存在的缺陷和不足。漏洞本身并不会导致系统损坏,但它能够被攻击者利用,从而获得计算机系统的额外权限,使攻击者能够在未授权的情况下访问或破坏系统,影响计算机系统的正常运行,甚至造成安全损害。

微软安全响应中心对漏洞的定义为:即使在使用者合理配置了产品的条件下,由于产品自身存在的缺陷,产品的运行可能被改变,产生设计者未预料到的后果,并可能最终导致安全性被破坏的问题,其主要包括使用者系统被非法侵占、数据被非法访问并泄漏、系统拒绝服务等。

漏洞的概念早在1947年冯·诺依曼建立计算机系统结构理论时就有所提及。他认为计算机的发展和自然生命有相似性,一个计算机系统也有天生的类似基因的缺陷,也可能在使用和发展的过程中产生意想不到的问题。每个平台无论是硬件,还是软件,都可能存在漏洞,漏洞的影响范围可能包括硬件和软件,如系统本身及其支撑软件、网络客户和服务器软件、网络路由器和安全防火墙等。

1.1.2 漏洞的成因

产生漏洞的原因有很多,大体上可分为技术角度、经济角度和应用环境角度三大类成因。

1. 技术角度

从技术角度来说,计算机系统漏洞又被分为两种:第一种是应用系统自身存在的"先天性漏洞";第二种是在应用系统的开发过程中由于开发人员的疏忽而造成的"后天性漏洞"。从客观上来说,用户使用的应用系统种类多样,开发迅速,所以应用软件系统自身就存在一些固有的安全隐患,这种由于硬件而先天就存在的漏洞体现了应用系统的脆弱性。从主观上来说,当前的应用系统大都依托人工进行研发,而部分开发人员在设计应用软件时可能缺乏一定的安全知识和经验。即使是专门的安全研究人员,也有可能在开发过程中存在考虑不周、不够完备的情况,这些主观的人为因素使得应用系统不可避免地存在安全漏洞。

2. 经济角度

计算机系统的安全性不是显性价值,厂商要实现安全性,就要额外付出巨大的代价。厂商更加重视计算机系统的功能、性能、易用性,而不愿意在安全质量上做更大的投入,甚至某些情况下,为了提高计算机系统效率而降低其安全性,结果导致计算机系统安全问题越来越严重,这种现象可以进一步归结为经济学上的外在性。

3. 应用环境角度

互联网已经逐渐融入人类社会的方方面面,伴随互联网技术与信息技术的不断融合与发展,导致计算机系统的运行环境发生改变,从传统的封闭、静态和可控变为开放、动态和难控,攻易守难的矛盾进一步增强。

同时,随着移动互联网和物联网的不断发展,它们与互联网共同构成了更加复杂的异构网络。在这个比互联网网络环境还要复杂的应用环境下,漏洞类型和数量急剧增加,漏洞产生的危害和影响远远超过在非网络或同构网络环境下漏洞的危害和影响程度。

1.2 漏洞的特征与危害

1.2.1 漏洞的特征

漏洞是一个抽象的概念,具有如下特征。

1. 漏洞是一种状态或条件,表现为不足或者缺陷

漏洞的存在并不会直接对系统造成损害,但是它可以被攻击者利用,从而造成对系统安全的威胁、破坏,影响计算机系统的正常运行,甚至造成损坏。计算机系统漏洞也不同于一般的计算机故障,漏洞的恶意利用能够影响人们的工作和生活,甚至会带来灾难性的

后果。

2. 漏洞并不都能进行自动检测

漏洞自动检测技术能够低成本、高效率地发现信息系统的安全漏洞,但并不是所有漏洞都能够进行自动检测,事件型漏洞就只能依靠人工挖掘,而且潜在的事件型漏洞的数量可能还要多于通用型漏洞。另外,为了避免对目标服务器产生负面影响,安全检测程序常常会选择性忽略某些漏洞,如文件上传和下载等。所以,以安全检测为目的的漏洞扫描会存在一定的漏报和误报。

3. 漏洞与时间紧密相关

一个系统从发布时起,随着用户的深入使用,系统中存在的漏洞便会不断地被发现。早期被发现的漏洞也会不断被系统供应商发布的补丁修补,或在以后发布的新版本中得到纠正。在新版系统纠正旧版中漏洞的同时,也会引入一些新的漏洞和错误。因而,随着时间的推移,旧的漏洞不断消失,新的漏洞不断出现。漏洞问题是长期存在的,变化的只是漏洞的内容。

4. 漏洞通常由不正确的系统设计或错误逻辑造成

在所有的漏洞类型中,逻辑错误所占的比例最高。绝大多数的漏洞是由于疏忽造成的。数据处理(如对变量赋值)比数值计算更容易出现逻辑错误,过小和过大的程序模块都比中等程序模块更容易出现错误。

5. 漏洞会影响大范围的软硬件设备

漏洞的影响范围非常广。也就是说,在操作系统、网络客户和服务器软件、网络路由器和安全防火墙等不同的软硬件设备中都可能存在着不同的安全漏洞问题。具体而言,在不同种类的软、硬件设备,同种设备的不同版本之间,由不同设备构成的不同系统之间,以及同种系统在不同的设置条件下,都会存在各自不同的安全漏洞问题。

1.2.2　漏洞的危害

漏洞的存在虽然不会主动威胁系统的正常运行,但由于别有用心的人的存在,使得漏洞直接威胁着系统安全。漏洞的存在,使得病毒得以传播,网络攻击得以进行。通常从以下 5 个方面评估漏洞对系统安全特性造成的危害。

1. 系统的完整性(integrity)

攻击者可以利用漏洞入侵系统,能够在未经授权的情况下对存储或传输过程中的信息进行删除、修改、伪造、乱序、重放、插入等破坏操作,从而破坏计算机系统的完整性。

2. 系统的可用性(availability)

攻击者利用漏洞破坏系统或者阻止网络正常运行,导致信息或网络服务不可用,即合法用户的正常服务要求得不到满足,从而破坏了系统的可用性。

3. 系统的机密性(confidentiality)

攻击者利用漏洞给非授权的个人和实体泄漏受保护的信息。需要注意的是,在很多场景下,系统的机密性和完整性是交叠的。

4. 系统的可控性(controllability)

攻击者利用漏洞,使得系统对于合法用户而言处在"失控"状态,从而破坏系统对信息的控制能力。

5. 系统的可靠性(reliability)

攻击者利用漏洞对用户认可的质量特性(信息传递的迅速性、准确性以及连续地转移等)造成危害,也就是指系统无法在规定的条件和时间完成规定的功能。

1.3 漏洞的分类方式

漏洞的分类方法有很多。从漏洞作用方式看,可以分为本地提权漏洞、远程代码执行漏洞、拒绝服务漏洞等;从漏洞的普遍性看,又可以分为通用型漏洞、事件型漏洞和 0day 漏洞。

1.3.1 漏洞的作用方式

1. 本地提权漏洞

本地提权漏洞是指可以实现非法提升程序或用户的系统权限,从而实现越权操作的安全漏洞。生活中常见的苹果手机越狱,安卓手机 Root,实际上都是利用本地提权漏洞实现的,目的是让使用者可以获得 iOS 系统或安卓系统禁止用户拥有的系统权限。利用此类漏洞,恶意程序可以非法访问某些系统资源,进而实现盗窃信息或系统破坏。

2. 远程代码执行漏洞

现代计算机系统大多可以远程登录或访问,但必须在设备开启了远程访问功能,并且访问者的登录账号拥有远程访问权限的情况下才行。而远程代码执行漏洞,就是指无须验证账号的合法性,就可以实现远程登录访问的安全漏洞。

远程代码执行漏洞也是最危险的一类安全漏洞,如冲击波、熊猫烧香、永恒之蓝勒索蠕虫(WannaCry)等超级病毒能够实现快速大规模传播,主要就是因为这些病毒利用了未打补丁的计算机系统中的远程代码执行漏洞,发动对联网计算机的自动攻击。对于存在此类漏洞的计算机和设备,只要连接在互联网上,就是危险的,因为攻击者的攻击完全不需要使用者的配合,不需要使用者有任何不当的联网操作,如打开不明文件,浏览恶意网址等。

3. 拒绝服务漏洞

拒绝服务漏洞,是指可以导致目标应用或系统暂时或永远性失去响应正常服务的能力,影响系统的可用性。这种漏洞的主要作用是使程序系统崩溃,无法正常工作。拒绝服务漏洞又可细分为远程拒绝服务漏洞和本地拒绝服务漏洞。前者大多被攻击者用于向服务器发动攻击,后者则大多被用于计算机病毒对本地系统和程序的攻击。

1.3.2　漏洞的普遍性

1. 通用型漏洞

由于现今绝大多数的软件、网站或信息系统开发都不是从零起步,而是使用某些现成的开发平台或开源代码开发出来的,因此,使用同一系统平台或同一开源代码开发出的软件、网站或信息系统就往往有可能存在同样的或相似的安全漏洞。这种普遍存在的相同或相似的漏洞就是通用型漏洞。

2. 事件型漏洞

事件型漏洞主要是指软件、网站或信息系统中的某一个具体的、独特的漏洞,这个漏洞的出现有很大的偶然性,只与相关软件、网站或信息系统自身的开发过程、运维过程有关,在其他地方不会复现。例如,常见的弱密码问题、业务逻辑漏洞、系统设置不当等,一般都属于事件型漏洞。

从历史经验看,90%以上的软件、网站或信息系统都存在事件型安全漏洞。当系统开发平台被曝出存在安全漏洞时,几乎所有使用该平台开发出的软件、网站或信息系统都会同时存在安全漏洞。

3. 0day 漏洞

0day 漏洞也称为零日漏洞,它是指已经有人知道,但厂商尚未修复的安全漏洞。攻击者利用 0day 漏洞发动攻击,理论上来说几乎是不可能防御的。但由于 0day 漏洞的发现非常困难,一旦被安全机构掌握,0day 漏洞也就立即失效了。所以,网络攻击者如果持有 0day 漏洞,一般不会使用到普通人身上,而是会用来攻击高价值的目标。此外,如果是厂商已经提供了补丁,但由于各种原因,相关软件、系统或设备还没有打上这些补丁的漏洞,因而可以被有效地攻击和利用,这种漏洞称为 Nday 漏洞。

1.4　常见的漏洞类型

1.4.1　操作系统漏洞

操作系统漏洞是指操作系统或操作系统自带应用软件在逻辑设计上出现的缺陷或编写时产生的错误,这些缺陷或错误可以被不法者利用,通过网络植入木马、病毒等方式攻击或控制整个计算机,窃取计算机中的重要资料和信息,甚至破坏计算机系统。

1. Windows 系统漏洞

Windows 操作系统是迄今为止使用最广泛的个人计算机操作系统,从最早的 DOS 系统发展到 Windows 7、Windows 8 和 Windows 10 系统,其系统的安全性逐渐提高,但是却避免不了漏洞的存在。因此,用户需要认识这些漏洞,并掌握修复漏洞的常用方法。

由于 Windows 操作系统在桌面操作系统的垄断地位,大量的攻击者开始研究该系统的漏洞。Windows 操作系统与 Linux 等开放源码的操作系统不一样,普通用户无法获取操作系统的源代码,因此安全问题均由 Microsoft 自身解决。

2. 其他操作系统漏洞

除了微软公司的 Windows 操作系统外,其余几种常见的操作系统如 Linux、UNIX、Mac OS 等,其他不同版本也或多或少存在某些安全漏洞。

例如,Linux 操作系统的核心部位曾出现一个安全漏洞,该漏洞能使那些只许可登录某机器的局部用户获得"根目录"访问权,并对该机器进行完全控制。这些局部缺陷造成的不良后果比远程缺陷要轻,远程缺陷能让网络攻击者接管某机器。

惠普高端 UNIX 操作系统也曾发现一些安全漏洞,这些安全漏洞可能使攻击者控制服务器或者使服务器离线。惠普在发现其 Tru64 UNIX 操作系统在执行 IPSec(互联网协议安全)和 SSH(安全外围程序)时会出现可被攻击者利用的安全漏洞,这两个严重的安全漏洞都出现在这种操作系统的关键组件中,并且都能让恶意用户控制服务器或者发动拒绝服务攻击。SSH 用于向服务器安全地发送指令,IPSec 用于创建虚拟机专用网,以便通过网络在计算机之间传递加密的信息。

1.4.2 数据库漏洞

大数据时代的来临,各个行业数据量迅猛增长,数据库跟随业务逐渐从后台走向前台、从内网走向外网、从实体走向虚拟(云)。数据库被广泛使用在各种新的场景中,但它的发展给了黑客更多的入侵机会。常见的数据库漏洞主要有数据库特权提升、数据库敏感数据未加密和数据库的错误配置。

1. 数据库特权提升

来自内部人员的攻击可能导致恶意用户占有超过其应该具有的系统权限,而外部的攻击者也可以通过破坏操作系统而获得更高级别的特权。特权提升通常与错误的配置有关:一个用户被错误地授予了超过其实际需要用来完成工作的、对数据库及其相关应用程序的访问特权。

另外,即使没有数据库的相关凭证,一个内部攻击者,或者一个已经控制了受害者机器的外部攻击者,也可以轻松地从一个应用程序跳转到数据库。

2. 数据库敏感数据未加密

如果备份磁带在运输或存储过程中丢失,而这些磁带上的数据又没有加密,一旦落入黑客之手,黑客根本不需要接触网络就可以实施破坏。这类攻击更可能发生在将介质销售给攻击者的内部人员身上,黑客只要安装好磁带,就能获得数据库。即使备份了许多数据,但如果疏于跟踪和记录,磁带很容易遭受攻击。因此,保存敏感数据的磁带加密需要引起人们的足够重视。

3. 数据库的错误配置

实际环境中,很多数据库出现问题是由老旧未补的漏洞或默认账户配置参数引起的。也可能是管理员疏忽,或者因为业务关键系统实在承受不住停机检查数据库的损失。

1.4.3　网络设备漏洞

网络设备的安全对于网络空间安全至关重要。路由器、防火墙、交换机等网络设备是整个互联网世界的联系纽带,占据着非常重要的地位,是计算机网络的一个结点。目前,各个国家和地区对 PC 和移动端的安全都非常重视,但是由于网络设备隐藏后端不可见的特点,导致人们对其安全性的认识不足,从而出现各种漏洞利用和攻击行为,攻击者一旦控制网络设备,其连接的各种终端设备都将暴露在攻击者的面前,导致重要数据和资料泄漏,造成严重的网络安全事件。

造成最近几年网络设备漏洞数量迅速增加的原因有三个:一是网络规模越来越大,网络设备数量和种类也越来越多,相应的网络设备漏洞数量也越来越多;二是网络设备普及程度越来越高,可接触到设备的人越来越多,对网络设备进行安全研究的人也越来越多;三是越来越多的厂商开始重视设备安全,开始主动或被动地披露网络设备漏洞。

网络设备的漏洞多为网络协议的漏洞,而网络协议的漏洞多为内存破坏的漏洞,内存破坏的漏洞大都归类于拒绝服务。例如,思科 iOS 是一个体积很大的二进制程序,直接运行在主 CPU 上,如果发生异常,内存破坏,或是 CPU 被持续占用,都会导致设备重启。此外,思科 ASA 在嵌入式 Linux 系统上运行着 lina_monitor 和 lina,当 lina 出现异常的时候,lina_monitor 负责重启设备。不过,正因为网络设备的漏洞主要出现在协议上,当出现漏洞的位置是协议的"边角"部位或是一些较新的协议时,发现漏洞的难度较大。

1.4.4　Web 漏洞

Web 漏洞即 Web 客户端漏洞,指的是那些不仅由于服务器端的设计或者逻辑错误而产生的漏洞,也包括由客户端的某些特性(如浏览器的同源策略、Cookie 机制)所产生的漏洞。常见的 Web 漏洞有 5 种:SQL 注入漏洞、XSS 跨站脚本攻击、目录遍历、CSRF 跨站请求伪造攻击和界面操作劫持。其中,XSS 跨站脚本攻击有着举足轻重的地位,不仅漏洞数量远远超过其他几种,危害性也比其他漏洞严重。

1. SQL 注入漏洞

SQL 注入攻击(SQL injection)是 Web 开发中常见的一种安全漏洞。由于程序员的编码能力不一样,很多程序员在开发程序的时候存在漏洞,这就给攻击者提供了便利的条件。系统对用户输入的参数不进行检查和过滤,不对用户输入的数据的合法性进行判断,或者对程序本身的变量处理不当,都可能使得数据库受到攻击,导致数据被窃取、更改、删除,以及进一步导致网站被嵌入恶意代码、被植入后门程序等危害。

SQL 注入可能导致数据丢失或数据破坏,在未经授权的情况下操作数据库中的数据,如管理员口令、用户口令等信息;恶意篡改数据库内容,导入虚假错误信息,私自添加系统账号,使得没有授权的用户拥有授权的权限。

2. XSS 跨站脚本攻击

XSS 跨站脚本攻击是 Web 客户端漏洞中最为广泛的漏洞。只要有用户输入的地方,都可能存在 XSS,执行脚本可以是 JavaScript、VBScript、ActionScript,之所以可以引发攻击,是由于浏览器将用户的输入当成代码执行了。跨站这个词其实并不贴切,因为浏览器的同源策略,一个 XSS 脚本是无法跨站读取、篡改其他域上的资源的,但这也只能是减轻它的危害。XSS 分为三类:反射型 XSS、存储型 XSS 和 DOM 型 XSS。

最常见的 XSS 是由于未对用户输入做验证而产生的。其中,反射型 XSS 是由于 URL 中的参数被攻击者篡改,传入服务器的数据未经过转码或者过滤,直接被浏览器解析成 JavaScript 代码执行。存储型 XSS 则是用户将恶意代码直接保存到网站的服务器端,输入未做过滤,当其他用户浏览到此数据时,输出也未做过滤,此时其他用户便会受到攻击。

3. 目录遍历

目录遍历(路径遍历)是由于 Web 服务器或者 Web 应用程序对用户输入的文件名称的安全性验证不足而导致的一种安全漏洞,其使得攻击者能够通过利用一些特殊字符就可以绕过服务器的安全限制,完成目录跳转,访问任意文件(可以是 Web 根目录以外的文件),包括读取操作系统各个目录下的敏感文件,甚至执行系统命令,因此目录遍历漏洞也被称作"任意文件读取漏洞"。

目录遍历漏洞出现的原因在于:程序在实现上没有充分过滤用户输入的"../"之类的目录跳转符,导致恶意用户可以通过提交目录跳转遍历服务器上的任意文件。

4. CSRF 跨站请求伪造攻击

CSRF 跨站请求伪造攻击的攻击效果就是伪造请求。CSRF 的大体思路是在 B 站点上伪造一个指向 A 站点的 URL 链接,这个链接向 A 站发送一个 GET 请求,从而利用用户身份达到伪造的目的。

跨站请求伪造往往是由于服务端未判断用户发来的 HTTP 请求的 REFERER 头,因此导致攻击者可以伪造一个包含有请求参数的 URL。当受害者点击时,相当于向服务器发送了一个 GET 请求,服务器只验证 Cookie 后便响应了这个伪造的请求,如修改资料或提交订单等。

5. 界面操作劫持

界面操作劫持是一种视觉性欺骗用户的手段。界面操作劫持的基本操作是,在网页上覆盖一个透明的 iframe 框,然后诱使用户在该页面上进行操作,此时用户将在不知情的情况下单击透明的 iframe 页面。从操作手段来讲,可以分为三类:点击劫持、拖放劫持和触屏劫持。界面操作劫持的目的虽然和 CSRF 一样,都是骗取用户的合法操作,但界面操作劫持需要运用 iframe 标签,并且需要利用浏览器本身的部分跨域特性,这使得防御策略(添加 token 值)能够有效地应对该漏洞。因此,界面操作劫持的漏洞数量是客户端漏洞中最少的一种,其需要的欺骗手段多,但欺骗成功率低于 XSS 和 CSRF。

1.4.5 弱口令

弱口令(weak password)没有严格和准确的定义,通常由常用的数字、字母等组合成。容易被别人通过简单及平常的思维方式猜测到的或被破解工具破解的口令均为弱口令。常见的弱口令有以下 4 种。

（1）空口令或系统默认的口令。

（2）口令长度小于 8 个字符（如 admin、123456）。

（3）口令为连续的某个字符（如 aaaaaa）或重复某些字符的组合（如 abcabc）。

（4）口令中包含本人、父母、子女和配偶的姓名和出生日期、纪念日期、登录名、E-mail 地址、手机号码等与本人有关的信息。

产生弱口令的原因应该与个人习惯与意识相关，为了避免忘记密码，可使用一个非常容易记住的密码，或是直接采用系统的默认密码等。再者，也是因为用户信息安全意识不够，未能意识到口令安全的重要性。

1.5　漏洞的发展现状和趋势

1.5.1　漏洞安全事件

回顾 2017 的信息安全事件，主要与系统漏洞、Web 安全、弱口令、信息泄漏和移动端操作系统安全相关，具体如下。

- 2017 年 5 月 12 日起，全球范围内爆发基于 Windows 网络共享协议进行攻击传播的蠕虫恶意代码，这是不法分子通过改造之前泄漏的 NSA 黑客武器库中"永恒之蓝"攻击程序发起的网络攻击事件。5 个小时内，包括英国、俄罗斯等欧洲多国以及中国国内多所高校校内网、大型企业内网和政府机构专网中招，被勒索支付高额赎金后才能解密恢复文件，对重要数据造成严重损失。"永恒之蓝"的攻击方式是恶意代码会扫描开放 445 文件共享端口的 Windows 机器，无须用户任何操作，只要开机上网，不法分子就能在计算机和服务器中植入勒索软件、远程控制木马、虚拟货币挖矿机等恶意程序。

- Apache 的 Struts2 漏洞问题。自从 2013 年第一个 Struts2 漏洞被曝光之后，2017 年 9 月 6 日至 7 日，Apache 连续发布 St2-052 和 St2-053 远程代码命令执行漏洞。Apache Struts2 作为世界上最流行的 Java Web 服务器框架之一，2017 年 3 月 7 日带来了本年度第一个高危漏洞——CVE 编号 CVE-2017-5638。其原因是 Apache Struts2 的 Jakarta Multipart parser 插件存在远程代码执行漏洞，攻击者可以在使用该插件上传文件时，修改 HTTP 请求头中的 Content-Type 值触发该漏洞，导致远程执行代码。Apache Struts2 服务在开启动态方法调用的情况下可以远程执行任意命令，官方编号 S2-032（CVE 2016 3081）。黑客利用该漏洞，可对企业服务器实施远程操作，从而导致数据泄漏、远程主机被控、内网渗透等重大安全威胁。

- WebLogic 是美国 Oracle 公司出品的一个 application server，确切地说是一个基于 Java EE 架构的中间件，WebLogic 是用于开发、集成、部署和管理大型分布式 Web 应用、网络应用和数据库应用的 Java 应用服务器。将 Java 的动态功能和 Java Enterprise 标准的安全性引入大型网络应用的开发、集成、部署和管理中。

自 2015 年起,WebLogic 被曝出多个反序列化漏洞,Oracle 官方相继发布了一系列反序列化漏洞补丁。但是,近期 WebLogic 又被曝出之前的反序列化漏洞补丁存在绕过安全风险,用户更新补丁后,仍然存在被绕过并成功执行远程命令攻击的情况。攻击者可以利用 WebLogic 的反序列化漏洞,通过构造恶意请求报文远程执行命令,危害较大。

- 5 月份,新型"蠕虫"式勒索病毒 WannaCry(中文直译为"想哭")爆发,席卷全球。这场全球最大的网络攻击已经造成至少 150 个国家和 20 万台机器受到感染。受害者包括中国、英国、俄罗斯、德国和西班牙等国的医院、大学、制造商和政府机构。计算机被勒索软件感染后,其中文件会被加密锁住。目前只有两种解决方案:第一种方案是向黑客支付他们所要求的赎金 5 个比特币(价值约为人民币 5 万元)后,才能解密恢复;第二种方案,如果不想支付赎金,则只能舍弃计算机中的文件。

- 滴血漏洞(Heartbleed 漏洞),这项严重缺陷(CVE 2014 0160)的产生是由于在 memcpy()调用受害用户输入内容作为长度参数之前,未能正确进行边界检查。攻击者可以追踪 OpenSSL 所分配的 64KB 缓存,将超出必要范围的字节信息复制到缓存中再返回缓存内容,这样,受害者的内存内容就会以每次 64KB 的速度进行泄漏。通过读取网络服务器内存,攻击者可以访问敏感数据,从而危及服务器及用户的安全。敏感的安全数据,如服务器的专用主密钥,可使攻击者在服务器和客户端未使用完全正向保密时,通过被动中间人攻击解密当前的或已存储的传输数据,或在通信方使用完全正向保密的情况下,发动主动中间人攻击。攻击者无法控制服务器返回的数据,因为服务器会响应随机的内存块。漏洞还可能暴露其他用户的敏感请求和响应,包括用户任何形式的 POST 请求数据、会话 Cookie 和密码,这能使攻击者可以劫持其他用户的服务身份。漏洞让特定版本的 OpenSSL 成为无须钥匙即可开启的"废锁",入侵者每次可以翻检户主的 64KB 信息,只要有足够的耐心和时间,就可以翻检足够多的数据,拼凑出户主的银行密码、私信等敏感数据。对此,安全专家提醒网友,在网站完成修复升级后,仍需及时修改原来的密码。

1.5.2　漏洞的发展现状

漏洞伴随着计算机和信息系统而出现,所有的计算机和信息系统都存在漏洞,威胁着计算机系统的安全。近年来,随着计算机系统的发展,漏洞也变得越来越复杂。下面将从 2016 年漏洞的增长情况、漏洞厂商分布、主流操作系统漏洞、漏洞类型分布、漏洞危害等级分布这 5 个方面介绍漏洞的发展现状。

1. 漏洞的增长情况

2017 年含有漏洞的网站个数为 69.1 万个,比 2016 年减少了 22.6 万个,但高危漏洞的网站个数增加了 20.5 万个。图 1-1 为 2014—2017 年网站存在漏洞情况对比,可以看出,漏洞已经成为威胁网络空间安全的重要因素,加大漏洞预警、漏洞消控的投入力度已刻不容缓。

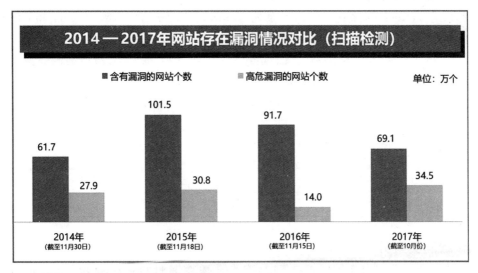

图 1-1　2014—2017 年网站存在漏洞情况对比

2. 漏洞厂商分布

2016 年各大厂商新增安全漏洞统计表见表 1-1。漏洞数量排名前十的厂商一共新增漏洞 5605 个,占比达 67.24%,超过 2016 年新增漏洞总数的一半。漏洞数量最多的 3 家公司分别为 Microsoft、Google 和 Apple,新增漏洞数量均在 800 个以上。其中,Microsoft 公司产品的漏洞数量最多,达 1050 个,占 2016 年新增漏洞总数的 12.60%,而 2015 年漏洞数量最多的 Apple 公司,2016 年新增漏洞数量 817 个,排名第三。

表 1-1　2016 年各大厂商新增安全漏洞统计表

序　号	操作系统名称	漏洞数量	所占比例
1	Microsoft	1050	12.60%
2	Google	944	11.32%
3	Apple	817	9.80%
4	Oracle	793	9.51%
5	Adobe	548	6.57%
6	Linux	460	5.52%
7	IBM	364	4.37%
8	Cisco	353	4.23%
9	Mozilla	139	1.67%
10	Huawei	137	1.64%
合　计		5605	67.24%

3. 主流操作系统漏洞

2016年，Windows系列、Mac OS系列、Android、Linux、Windows Server和iOS系列主流操作系统漏洞数量占操作系统漏洞总数的70%以上。其中，Windows系列漏洞数量最多，为568个；Android操作系统漏洞增速最快，与2015年相比，新增漏洞数量增幅超过500%。2016年主流操作系统漏洞数量统计见表1-2。

表1-2　2016年主流操作系统漏洞数量统计

序号	操作系统名称	漏洞数量	序号	操作系统名称	漏洞数量
1	Windows系列	568	4	Linux	246
2	Mac OS系列	555	5	Windows Server系列	175
3	Android	512	6	iOS	162

4. 漏洞类型分布

2016年漏洞类型分布依旧相对集中，统计的19个漏洞类型中，排名前五的漏洞类型一共新增4271个漏洞，占2016年新增漏洞总数的51.24%。新增漏洞数量最多的漏洞类型依然为缓冲区错误漏洞，所占比例为15.37%，比2015年的14.03%高出1.34个百分点。2016年漏洞类型统计表见表1-3。

表1-3　2016年漏洞类型统计表

序号	漏洞类型	漏洞数量	所占比例	序号	漏洞类型	漏洞数量	所占比例
1	缓冲区错误	1281	15.37%	11	代码注入	81	0.97%
2	信息泄漏	897	10.76%	12	加密问题	76	0.91%
3	权限许可和访问控制	881	10.57%	13	授权问题	52	0.62%
4	跨站脚本	620	7.44%	14	竞争条件	48	0.58%
5	输入验证	592	7.10%	15	信任管理	40	0.48%
6	资源管理错误	200	2.40%	16	操作系统命令注入	32	0.38%
7	SQL注入	142	1.70%	17	后置链接	6	0.07%
8	跨站请求伪造	129	1.55%	18	配置错误	3	0.04%
9	数字错误	120	1.44%	19	命令注入	1	0.01%
10	路径遍历	102	1.22%	20	其他	3033	36.39%

5. 漏洞危害等级分布

根据漏洞的影响范围、利用方式、攻击后果等情况，可将其分为3个危险等级，即高危、中危和低危级别。如图1-2所示，2017年高危和中危漏洞所占比例呈现上升趋势，其中危害等级在中危以上的漏洞数量占漏洞总量的67.8%。

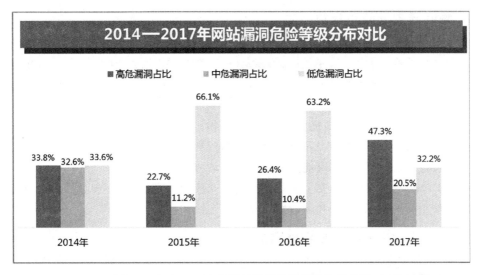

图 1-2　2014—2017 年网站漏洞危险等级分布对比

1.5.3　漏洞的发展趋势

近几年，信息系统的漏洞分析与修补技术发展较快，如微软公司在 IE 上新增了许多安全机制（延迟释放、隔离堆、控制流防护等），大大提升了 IE 浏览器的安全性。外部曝光的各大 APT 攻击事件也将持续存在，用的不一定是 0day，也可能是对一些旧漏洞的综合利用，再加上社工及其他高级渗透技术，从而进行长期潜伏，以收集目标信息。漏洞出现地越来越多，其被利用攻击的方式也多种多样，让人防不胜防。下面介绍未来信息系统漏洞可能会面临的新挑战。

1. 开源软件漏洞频发

开源软件指源码向公众免费开放的软件，其他人员在遵循一定许可协议的情况下，可以对开源软件的源代码进行使用、修改和重新发布。开源软件类型十分丰富，几乎所有的商业软件都有与之对应的开源软件，如操作系统、数据库、办公软件、Web 浏览器、中间件等。近年来，OpenSSL 和 Linux 系统频繁公布的漏洞让开发者们重新开始审视开源平台自身的安全性。由于这些软件大量应用于世界各地、各行各业的网站与信息系统中，因此其漏洞给全球网站和信息系统带来了严重的安全威胁。

2. 银行系统安全威胁严峻

银行业是较早开展网络化和信息化的行业，同时由于其常涉及大额或巨额的资金交易，一直以来都是攻击者和不法分子觊觎和攻击的对象。虽然银行系统对其自身安全已经非常重视，但是，由于新的攻击方式和漏洞不断出现，银行系统仍然面临严重安全威胁。2016 年，全球发生了多起银行系统、ATM 机遭到黑客攻击的安全事件，在国际上产生了严重影响，个别事件甚至造成大规模用户个人隐私泄漏、个人和银行资金被窃等严重后果。

3. 物联网安全问题日益凸显

物联网是新一代信息技术的重要组成部分,也是"信息化"时代的重要发展阶段。物联网设备无处不在,应用场景非常广泛,涉及汽车、医疗、物流运输、智能家庭、娱乐等多个领域。近年来,物联网设备数量持续增长,这些设备给人们的生活带来便利的同时,也给黑客和不法分子提供了新的攻击方向,暴露出的安全问题越来越多,关注度也与日俱增。物联网设备比传统设备更具智能性、互联性,但同时也带来更多安全隐患。以内置密码为例,暴露在互联网上的物联网设备很多都未对内置初始密码进行修改,一旦成千上万的这种设备被操控,攻击者就很有可能有针对性地发动分布式拒绝服务(Distributed Denial of Service,DDoS)攻击。传统的安全问题换个场景就成为一个新的安全问题,而这个问题的解决需要整个行业、监管机构和新闻媒体等的相互协作。

4. 电子邮件成为安全链中最弱的一环

近年来,各类电子邮件安全事件层出不穷,无论对个人,还是对企业,都造成重大损失。电子邮件系统已成为安全链中最弱的一环。为减少电子邮件的安全问题,电子邮件用户应加强安全意识,对重要内容进行全程加密,对接收的邮件内容仔细鉴别,不要单击不明邮件的附件。企业在选择邮件服务产品时,应当更加注重安全性问题,选择安全可靠的邮件服务系统。

1.6 漏洞外延应用

1.6.1 安全服务

安全服务主要是指通过安全检测、安全评估和安全加固等手段对企业的信息系统进行全方位的安全防护。安全检测主要利用大量安全性行业经验和漏洞扫描的先进技术等对信息系统进行安全检测,接着根据检测得到的信息对整个信息系统进行全面的安全评估,最后以安全评估的结果为依据,对信息系统中存在的安全隐患进行确定性、有序性的加固,如修复安全漏洞等。可见,漏洞扫描及防护贯穿了整个安全服务的过程,是对系统进行安全防护的重要举措。

1.6.2 补天漏洞响应平台

补天漏洞响应平台是奇安信集团推出的专门征集开源建站程序漏洞,用以帮助软件公司和开发者及时推出补丁,加强网站对黑客攻击"拖库"的防范能力的漏洞响应平台。通过补天平台,大多数建站程序都能快速修复漏洞,并及时推出补丁保护网站用户的数据安全。补天漏洞响应平台采用"奖励机制""保密机制"和"合作机制"结合的方式,兼顾企业和白帽子的利益的同时,促进安全服务行业的发展。

思　考　题

1. 请概述漏洞的定义。
2. 漏洞的成因是什么?
3. 请简述漏洞的特征。
4. 请从多角度简述漏洞的危害。
5. 常见的漏洞类型有哪些? 它们分别有什么特点?

第 2 章

安全漏洞扫描系统

本章将详细介绍漏洞扫描的相关知识。通过本章的学习,达到理解漏洞扫描的定义及原理、漏洞扫描中使用的关键技术、漏洞扫描的策略和流程,以及安全基线的相关知识的目标。同时,本章的相关内容将为后续各个章节的学习打下基础。

2.1 漏洞扫描概述

2.1.1 漏洞扫描的定义

漏洞扫描是一种安全检测行为,通过扫描等手段对指定的远程或本地计算机系统和网络设备的安全脆弱性进行检测,从而发现安全隐患和可被利用的漏洞。通俗地说,漏洞扫描就是对系统进行诊断检测,看当前系统主机是否存在漏洞,如果有漏洞,就通知管理员及时进行修复。

漏洞扫描工作在系统被攻击之前,是防御黑客攻击的重要且有效的手段。经过对计算机系统和网络设备的全面扫描,安全管理员能及时获取开放的端口信息、运行的服务信息及系统的配置信息等,及时发现潜在的脆弱性和安全隐患,根据扫描报告更正系统中的错误设置,有效地在不法者利用漏洞攻击前就进行防范。由此可见,漏洞扫描方便用户进行主动防范,它能有效避免利用漏洞带来的攻击,做到防患于未然。

漏洞扫描不只是安全检测的有效方式,更是攻击者进行系统入侵的重要手段。攻击者会通过漏洞扫描不断发现系统漏洞,从而利用漏洞侵占系统资源。事实上,在漏洞的发现史上,最初的漏洞是被攻击者发现的。

2.1.2 漏洞扫描的原理

漏洞扫描主要是基于特征匹配原理,将待测设备和系统的反应与漏洞库进行比较,若满足匹配条件,则认为存在安全漏洞。漏洞扫描的基本原理如图 2-1 所示。

进行漏洞扫描时,首先探测目标系统的存活主机,对存活主机进行端口扫描,确定系统开放的端口,同时根据协议指纹技术识别出主机的操作系统类型;接着,根据目标操作系统类型、系统运行的平台和提供的网络服务,按漏洞库中已知的各种漏洞类型发送对应的探测数据包,对它们进行逐一检测;之后,通过对探测响应数据包的分析,判断是否存在漏洞。若探测和响应的数据包符合对应漏洞的特征,则表示目标存在该漏洞。所以,在漏洞扫描中,漏洞库的定义精确与否直接影响到最后的扫描结果以及漏洞扫描的性能。

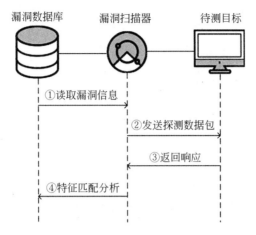

图 2-1 漏洞扫描的基本原理

2.1.3 漏洞扫描器

漏洞扫描器指按照漏洞扫描原理设计的,能够自动检测本地或远程的设备和系统安全脆弱性(即漏洞)的程序,其主要有如下两个功能。

(1) 漏洞扫描器可以获得所维护主机的各种端口的分配、提供的服务、服务软件版本以及这些服务和软件呈现在网络上的安全漏洞。由于它在实际的网络环境下通过网络对系统管理员所维护的主机进行外部特征扫描,所以被称为漏洞扫描器的外部扫描。

(2) 漏洞扫描器还能从主机系统内部检测系统配置的缺陷,模拟系统管理员进行系统内部审核的全过程,发现能够被黑客利用的种种错误配置,称为漏洞扫描器的内部扫描,因为它是以系统管理员的身份对所维护的服务器进行内部特征扫描的。

实际上,能够从主机系统内部检测系统配置的缺陷,是系统管理员的漏洞扫描器与攻击者拥有的漏洞扫描器在技术上的最大区别,攻击者在扫描目标主机阶段(即入侵准备阶段)无法进行目标主机系统内部检测。

漏洞扫描器主要有以下 3 个应用场景,如图 2-2 所示。

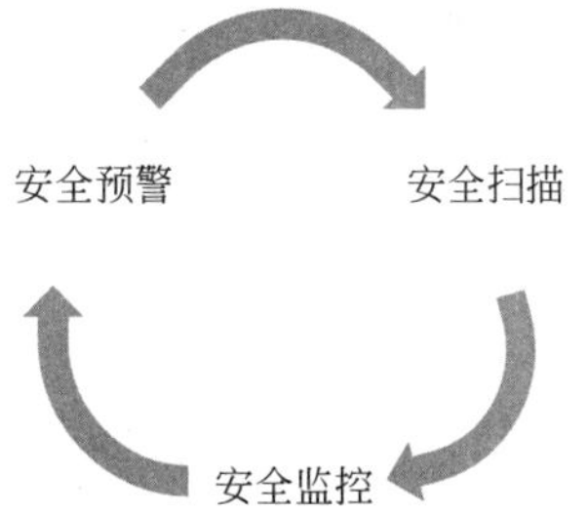

图 2-2 漏洞扫描器应用场景

1. 业务上线前的安全扫描

随着企业的发展和壮大,公司内部的业务线也会随之变多,单纯依靠人工检测漏洞不具备可行性,因此需要引入安全漏洞扫描器,它能够在业务上线发布前对其进行自动化扫描和检测,从而使得烦琐的安全检测工作通过扫描器自动完成。这样不仅可以减少人工的工作量,同时还可以极大地缩减检测时间,保障业务顺利及时地发布和上线。

2. 业务运行中的安全监控

安全其实是一个动态过程,因此对业务持续地安全监控也是必不可少的。企业可以通过漏洞扫描器对业务中的日志或流量进行动态实时的扫描、分析及监控,还可以与企业内部的防火墙或 Web 应用防火墙(WAF)进行协同联动,从而达到事中的安全阻断,保障业务安全运行。

3. 业务运行中的安全预警

互联网中的许多开源组件经常会被研究员爆出 0day 漏洞,这时,企业就可以通过扫描器对所有暴露在公网上的资产进行组件的探测识别和漏洞验证,这样就可以快速定位到风险资产和目标,并能够对该漏洞进行修复和升级,从而有效地降低 0day 漏洞给企业带来的安全风险。

2.2 漏洞扫描的关键技术

1. 端口扫描

在计算机中,一个端口就是一个潜在的通信通道,也就是一个入侵通道。通过对目标计算机进行端口扫描,可以得到许多有用的信息。端口扫描就是逐个对一段端口或指定的端口进行扫描。通过扫描结果可以知道一台计算机上都提供了哪些服务,然后就可以通过所提供的这些服务的已知漏洞进行攻击。端口扫描的工作方式如图 2-3 所示。

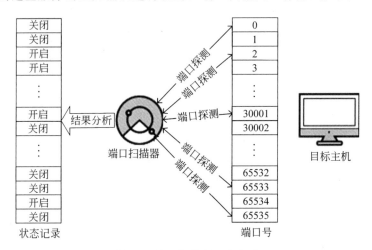

图 2-3 端口扫描的工作方式

端口扫描的原理:当一个主机向远端一个服务器的某一个端口提出建立一个连接的请求时,若远端服务器有此项服务,就会应答;若远端服务器未安装此项服务,即使向其相应的端口发出请求,也不会有应答。利用这个原理,如果对所有熟知端口或选定的某个范围内的熟知端口分别建立连接,并记录下远端服务器所给予的应答,通过查看记录就可以知道目标服务器上都安装了哪些服务。通过端口扫描,就可以搜集到很多关于目标主机的具有参考价值的信息。例如,目标计算机是否提供 FTP 服务、WWW 服务或其他服务。

端口扫描一般有手工扫描和软件扫描两种方式。进行手工扫描时,需要熟悉各种命令,然后对命令执行后的输出结果进行分析和判断。用扫描软件进行端口扫描时,许多扫描器软件都有分析数据的功能,可以大大提高扫描效率。通过端口扫描,安全信息员可以得到许多有用的信息,从而发现系统的安全漏洞。

2. 智能爬虫

智能爬虫就是将定向或者非定向的网页抓取下来,并进行分析后得到格式化数据的技术,它是垂直搜索的核心技术。智能网络爬虫的工作方式如图 2-4 所示。

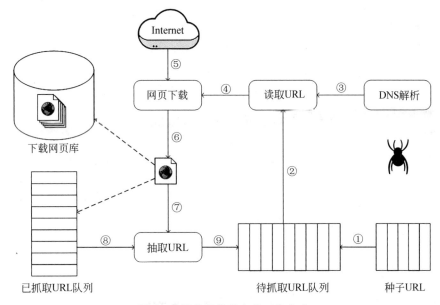

图 2-4　智能网络爬虫的工作方式

智能爬虫系统第一步,从互联网页面中精心选择一部分网页,以这些网页的链接地址作为种子 URL,将这些种子放入待抓取的 URL 队列中;第二步,从待抓取的 URL 队列依次读取 URL;第三步,将读取的 URL 通过 DNS 进行解析,把链接地址转换为网站服务器对应的 IP 地址;第四步,将 IP 地址和网页相对路径名称交给网页下载器;第五步,网页下载器负责页面的下载;第六步,对于下载到本地的网页,一方面将其存储到页面库中,等待建立索引等后续处理,另一方面将下载网页的 URL 放入已抓取队列中,这个队列记录了爬虫系统已经下载过的网页 URL,以避免系统的重复抓取;第七步,对于刚下载的网页,从中抽取出包含的所有链接信息;第八步,将抽取的链接信息在已下载的 URL 队列中进行检查;第九步,如果发现链接还没有被抓取过,则放到待抓取 URL 队列的末尾,在之后的抓取调度中会下载这个 URL 对应的网页。如此这般,形成循环,直到待抓取 URL 队列为空,这代表着爬虫系统将能够抓取的网页全部抓取完成,此时完成了一轮完整的抓取过程。

爬虫技术主要用于 Web 漏洞扫描,通过爬虫挖掘相关 Web 数据,使用相关的 Web 漏洞库信息,然后利用白盒技术对网页进行漏洞测试,查看网页反馈的相关信息,判断是否存在漏洞。

3. 白盒测试

白盒测试又称结构测试、透明盒测试、逻辑驱动测试或基于代码的测试。白盒测试是一种测试用例设计方法，盒子指的是被测试的软件，白盒指的是盒子是可视的，测试人员清楚盒子内部的东西以及里面是如何运作的。"白盒"法是一种穷举路径测试，需全面了解程序内部逻辑结构，对所有逻辑路径进行测试。而且白盒测试并不是简单地按照代码设计用例，而是需要根据不同的测试需求，结合不同的测试对象，使用适合的方法进行测试。

白盒测试方法必须遵循以下 4 条原则。

① 保证一个模块中的所有独立路径至少被测试一次。

② 所有逻辑值均需要测试真和假两种情况。

③ 检查程序的内部数据结构，保证其结构的有效性。

④ 在上、下边界及可操作范围内运行所有循环。

4. 破解字典

破解字典是指包括了许多人们习惯设置的密码的字典，其主要配合密码破译软件使用，相比于暴力破解，密码字典可以大大提高密码破译软件的密码破译成功率和命中率，缩短密码破译的时间。相反，如果一个人对密码的设置没有规律或很复杂，未包含在密码字典里，那么该密码被破解的可能性就会非常低。

因此，通过破解字典可以发现系统中的弱密码，提醒信息安全员将其更换为复杂的密码，以此提高系统的安全性。

2.3 漏洞扫描的策略及流程

2.3.1 漏洞扫描的策略

漏洞扫描策略一般分为基于网络的扫描和基于主机的扫描。

1. 基于网络的扫描

网络扫描是基于 Internet 的、探测远端网络或主机信息的一种技术，是保障系统和网络安全必不可少的一种手段。一般来说，基于网络的漏洞扫描工具可以看作为一种漏洞信息收集工具，它根据不同漏洞的特性，构造网络数据包，发给网络中的一个或多个目标服务器，以判断某个特定的漏洞是否存在。

基于网络的漏洞扫描器先检测目标系统中到底开放了哪些端口，并通过特定系统中提供的相关端口信息，增强了漏洞扫描器的功能。

基于网络的漏洞扫描器的结构如图 2-5 所示，它主要由 5 个方面组成。

1）漏洞数据库模块

漏洞数据库包含了各种操作系统的各种漏洞信息，以及如何检测漏洞的指令。由于

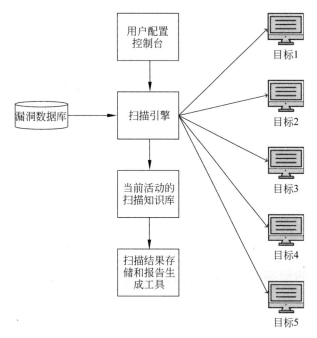

图 2-5　基于网络的漏洞扫描器的结构

新的漏洞会不断出现,所以该数据库需要经常更新,以便能够检测到新发现的漏洞。

2）用户配置控制台模块

用户配置控制台与安全管理员进行交互,用来设置要扫描的目标系统,以及扫描哪些漏洞。

3）扫描引擎模块

扫描引擎是扫描器的主要部件。根据用户配置控制台部分的相关设置,扫描引擎组装好相应的数据包,发送到目标系统。此外,将接收到的目标系统的应答数据包与漏洞数据库中的漏洞特征进行比较,判断选择的漏洞是否存在。

4）当前活动的扫描知识库模块

该模块通过查看内存中的配置信息,监控当前活动的扫描。此外,将要扫描的漏洞的相关信息提供给扫描引擎,同时还接收扫描引擎返回的扫描结果。

5）扫描结果存储和报告生成工具

扫描结果存储和报告生成工具利用当前活动扫描知识库中存储的扫描结果,生成扫描报告。扫描报告将告诉用户配置控制台设置了哪些选项,根据这些设置,扫描结束后,在哪些目标系统上发现了哪些漏洞。

基于网络的漏洞扫描器有很多优点。

① 基于网络的漏洞扫描器的价格相对来说比较便宜。

② 基于网络的漏洞扫描器在操作过程中,不需要涉及目标系统的管理员。

③ 基于网络的漏洞扫描器在检测过程中,不需要在目标系统上安装任何应用。

④ 基于网络的漏洞扫描器维护简便。当企业的网络发生变化时,只要某个结点能够

扫描网络中的全部目标系统,基于网络的漏洞扫描器就不需要进行调整。

基于网络的漏洞扫描器存在以下不足之处。

① 基于网络的漏洞扫描器不能直接访问目标系统的文件系统,与之相关的一些漏洞不能检测到,例如,一些用户程序的数据库,连接的时候,要求提供操作系统的密码,这种情况下,基于网络的漏洞扫描器无法对其进行弱口令检测。

② UNIX 系统中有些程序带有 SetUID 和 SetGID 功能,这种情况下,涉及 UNIX 系统文件的权限许可问题,基于网络的漏洞扫描器无法进行检测。

③ 基于网络的漏洞扫描器不能穿过防火墙,与端口扫描器相关的端口,若防火墙没有开放,端口扫描将终止。

④ 控制台与扫描服务器之间的通信数据包是加过密的,但是扫描服务器与目标主机之间的通信数据包是没有加密的,因此,攻击者就可以利用 Sniffer 工具监听网络中的数据包,进而得到各目标主机中的漏洞信息。

2. 基于主机的扫描

主机扫描指对计算机主机或者其他网络设备进行安全性检测,以找出安全隐患和系统漏洞。基于主机的漏洞扫描器,扫描目标系统漏洞的原理与基于网络的漏洞扫描器的原理类似,但是,两者的体系结构不一样。基于主机的漏洞扫描器通常在目标系统上安装了一个代理或者是服务,以便能够访问所有的文件与进程,以此扫描主机中的漏洞。

现在流行的基于主机的漏洞扫描器在每个目标系统上都有一个代理,以便向中央服务器反馈信息,中央服务器通过远程控制台进行管理。主机漏洞扫描主要通过以下两种方法检查目标主机是否存在漏洞。

(1) 在端口扫描后得知目标主机开启的端口以及端口上的网络服务,将这些相关信息与网络漏洞扫描系统提供的漏洞库进行匹配,查看是否有满足匹配条件的漏洞存在。

(2) 通过模拟攻击者的攻击手法,对目标主机系统进行攻击性的安全漏洞扫描,如测试弱口令等,若模拟攻击成功,则表明目标主机系统存在安全漏洞。

基于主机的漏洞扫描器通常是一个基于主机的客户机/服务器三层体系结构的漏洞扫描工具。这三层分别为漏洞扫描器控制台、漏洞扫描管理器和漏洞扫描代理。主机漏洞扫描器结构图如图 2-6 所示。

漏洞扫描器控制台安装在一台计算机中。漏洞扫描器管理器安装在企业网络中,所有的目标系统都需要安装漏洞扫描器代理。其中,漏洞扫描器代理安装完后,需要向漏洞扫描器管理器注册。

当漏洞扫描器代理收到漏洞扫描器管理器发来的扫描指令时,漏洞扫描器代理单独完成本目标系统的漏洞扫描任务;扫描结束后,漏洞扫描器代理将结果传给漏洞扫描器管理器;最终,用户可以通过漏洞扫描器控制台浏览扫描报告。

基于主机的漏洞扫描器的优点如下。

① 扫描的漏洞数量多。由于在目标系统上安装了代理或者是服务,它们能够访问所有的文件与进程,这也使得基于主机的漏洞扫描器能够扫描更多的漏洞。

② 集中化管理。基于主机的漏洞扫描器通常都有集中的服务器作为扫描服务器。

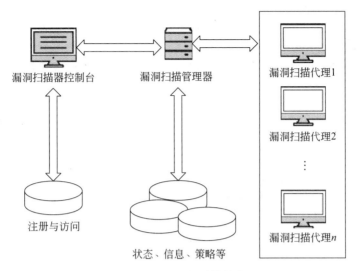

图 2-6　主机漏洞扫描器结构图

所有扫描的指令均从服务器进行控制,这一点与基于网络的扫描器类似。服务器下载最新的代理程序后,会分发给各个代理进行执行。这种集中化管理模式使得基于主机的漏洞扫描器能够快速实现部署。

③ 网络流量负载小。由于漏洞扫描器的管理器与代理之间只有通信的数据包,漏洞扫描的任务都由漏洞扫描器代理单独完成,这样大大减少了网络流量负载。当扫描结束后,漏洞扫描器代理再次与漏洞扫描器管理器进行通信,将扫描结果传送给管理器。

④ 所有通信过程中的数据包都经过了加密。由于漏洞扫描都在本地完成,漏洞扫描器代理和管理器之间在扫描之前和扫描结束之后建立必要的通信链路即可。

基于主机的漏洞扫描器存在以下不足之处。

① 基于主机的漏洞扫描工具的价格通常由一个管理器的许可证价格加上目标系统的数量决定,当一个企业网络中的目标主机较多时,扫描工具的价格非常高。通常,只有实力强大的公司和政府部门才有能力购买这种漏洞扫描工具。

② 基于主机的漏洞扫描工具,需要在目标主机上安装一个代理或服务,而从管理员的角度来说,并不希望在重要的机器上安装自己不确定的软件。

③ 随着所要扫描的网络范围的扩大,在部署基于主机的漏洞扫描器的代理软件的时候,需要与每个目标系统的用户打交道,必然延长了首次部署的工作周期。

2.3.2　漏洞扫描的流程

漏洞扫描流程及常用技术如图 2-7 所示。漏洞扫描主要分为 3 个阶段,分别为目标发现、信息攫取和漏洞检测。

下面对每个阶段进行详细说明。

1.目标发现

目标发现是指通过某种方式发现目标主机或网络,所以该阶段也被称为主机扫描。

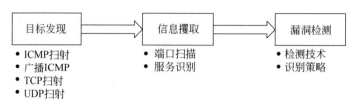

图 2-7　漏洞扫描流程及常用技术

在该阶段中,通过发送不同类型的控制报文协议(Internet Control Message Protocol, ICMP)或者传输控制协议(Transmission Control Protocol,TCP)、用户数据报协议(User Datagram Protocol,UDP)请求,实现从多种不同的方面检测目标主机是否存活,其使用的技术包括 ICMP 扫射、广播 ICMP、TCP 扫射、UDP 扫射。

1) ICMP 扫射

作为 IP 的一个组成部分,ICMP 用来传递差错报文和其他需要注意的信息,ping 命令就是其最常见的使用方式。通常接收到 ICMP 回显请求的主机,都会向请求者发送 ICMP 回显应答的报文。如果发送者接收到来自目标主机的 ICMP 回显应答,就能知道目标主机目前处于活动状态,否则可以初步判断主机不可达或发送的包被对方的设备过滤掉。

使用这种方法对多个主机进行轮询判断其是否在线的方式称为 ICMP 扫描,该方式非常简单,但并不十分可靠,因为目标主机可以主动阻止对回显请求做出应答。

2) 广播 ICMP

与 ICMP 相似,广播 ICMP 也利用了 ICMP 回显请求和 ICMP 回显应答这两种报文。不同的是,广播 ICMP 只需要向目标网络的网络地址和广播地址发送一两个回显请求,就能够收到目标网络中所有存活主机的 ICMP 回显应答。

广播 ICMP 这种扫描方式的速度比 ICMP 扫射快,但是容易引起广播风暴,如果有很多机器回应,甚至会导致网络出现拒绝服务现象。

3) TCP 扫射

传输控制协议(TCP)为应用层提供一种面向连接的、可靠的字节流服务。它使用"三次握手"的方式建立连接。TCP 建立连接成功/失败的过程如图 2-8 所示。

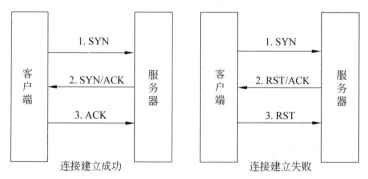

图 2-8　TCP 建立连接成功/失败的过程

从建立连接的过程可以知道,如果向目标发送一个 SYN 数据包,则无论收到一个 SYN/ACK 数据包,或者一个 RST 数据包,都表明目标处于存活状态,这就是 TCP 扫描的基本原理。与此类似,也可以向目标发送一个 ACK 数据包,如果目标存活,则会收到一个 RST 数据包。

TCP 扫射就是同时向多个目标进行 TCP 扫描,这种方式比利用 ICMP 进行探测更加有效。但 TCP 扫射也不是百分之百可靠,因为有的防火墙能够伪造 RST 数据包,从而造成防火墙后的某个主机存活的假象。

4) UDP 扫射

用户数据报协议(UDP)是一个面向数据报的传输层协议,在扫描 UDP 端口的时候,主要用的是 UDP ICMP 端口不可达的扫描方法,其原理如图 2-9 所示。

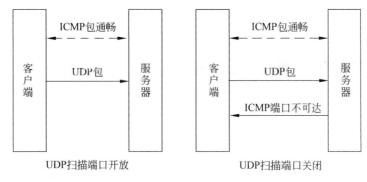

图 2-9　UDP 扫描原理图

进行 UDP 扫描时,首先向目标主机的 UDP 端口发送 UDP 数据包,目标主机在接收到这个 UDP 数据包后,如果在这个端口上运行有服务,则将这个数据包递交给服务进程处理;如果没有服务在这个端口上运行,则系统会向源主机返回 ICMP 包,以报告端口不可达。

UDP 扫射与 TCP 扫描类似,其会同时向多个目标发送 UDP 数据包,进行目标在线判断。另外,对不能接收到 ICMP 返回包的情况,可以通过重复发送 UDP 包大大提高扫描的准确性。但是,UDP 扫射的方法可靠性很低,因为路由器和防火墙都有可能丢弃数据报,同时,使用 UDP 扫射进行目标发现的时间也较长。

2. 信息攫取

信息攫取指在发现目标后,进一步获得目标主机的操作系统信息和开放的服务信息,包括操作系统类型、运行的服务以及服务软件的版本等。如果目标是一个网络,还可以进一步发现该网络的拓扑结构、路由设备以及各主机的信息。信息攫取阶段主要用到两种技术,分别是端口扫描和服务识别。

1) 端口扫描

端口扫描可以快速取得目标主机开放的端口和服务信息,从而为漏洞检测阶段做准备。端口扫描通常会向目标主机的所有端口(0~65535)发送探测信息,然后分析返回的消息,从而获得目标主机的开放端口和运行服务的信息。端口扫描不需要任何特殊权限,系统中的任何用户都可以使用这个功能。用户还可以同时打开多个套接字,从而加速扫描,使用非阻塞 I/O 还允许设置一个低的时间用尽周期(TTL),同时观察多个套接字。但是,端口扫描容易被过滤或记录。另外,对于安全管理员而言,使用该方法进行扫描的速度较慢。

2)服务识别

目前,服务识别主要有两种情况:其一,面对主动提供握手信息的服务,可以使用 Netcat 尝试与目标的该端口建立连接,根据返回的信息做出初步判断;还有一类服务需要客户端首先发送一个命令,然后再做出响应。要判断这样的服务,必须首先猜测服务类型,然后模仿客户端发送命令,等待服务器的回应。

3. 漏洞检测

漏洞检测是指根据搜集到的信息判断是否存在安全漏洞,或进一步测试系统是否存在可被攻击者利用的安全漏洞。漏洞扫描器会先在目标主机上通过漏洞检测技术针对不同的漏洞类型进行检测,收集详细和全面的信息,然后通过漏洞识别策略判断是否存在对应漏洞。

漏洞检测技术主要有以下 4 种。

(1)基于应用的检测技术,其采用被动的、非破坏性的办法检查应用软件包的设置,从而发现安全漏洞。

(2)基于主机的检测技术,其采用被动的、非破坏性的办法对系统进行检测。通常,该技术涉及系统的内核、文件的属性、操作系统的补丁等。这种技术还包括口令解密、弱口令剔除等。因此,这种技术可以非常准确地定位系统的问题,发现系统的漏洞。它的缺点是与平台相关,升级复杂。

(3)基于目标的检测技术,其采用被动的、非破坏性的办法检查系统属性和文件属性,如数据库、注册号等。通过消息文摘算法,对文件的加密数进行检验。这种技术的实现是运行在一个闭环上,不断地处理文件、系统目标、系统目标属性,然后产生检验数,把这些检验数同原来的检验数比较,一旦发现改变,就通知管理员。

(4)基于网络的检测技术,其采用主动的、非破坏性的办法检验系统是否有可能被攻击崩溃。这种技术利用一系列脚本模拟对系统进行攻击的行为,然后对结果进行分析,同时它还针对已知的网络漏洞进行检验。基于网络的检测技术常被用来进行穿透实验和安全审计。使用这种技术可以发现一系列平台的漏洞,也容易安装。但是,这种技术可能会影响网络的性能。

漏洞识别策略的主要方法包括直接测试、推断和带凭证的测试。

1)直接测试

直接测试是指利用漏洞特点,通过渗透发现系统漏洞的方法。直接测试的方法具有以下 6 个特点。

- 通常用于对 Web 服务器漏洞、拒绝服务漏洞的检测。
- 能够准确地判断系统是否存在特定漏洞。
- 对于渗透所需步骤较多的漏洞速度较慢。

- 攻击性较强,可能对存在漏洞的系统造成破坏。
- 对于 DOS 漏洞,测试方法会造成系统崩溃。
- 不是所有漏洞的信息都能通过测试方法获得。

2)推断

推断是指不利用系统漏洞而判断漏洞是否存在的方法。它并不直接渗透漏洞,只是间接地寻找漏洞存在的证据。采用推断方法的检测手段主要有版本检查、程序行为分析、操作系统堆栈指纹分析和时序分析。版本检查是推断方法中最简单的一个应用。

推断可用于推翻某个风险假设,也可用来分析目标程序的行为,如果发现该程序的行为和具有漏洞的版本的程序行为不一致,就认为目标程序不存在漏洞。推断的方法在快速检查大量目标时很有用,因为这种方法对计算机和网络的要求都很低。它比渗透测试方法攻击性更小,所以可以在检查很多 DOS 漏洞后再重新启动系统。

3)带凭证的测试

凭证是指访问服务所需要的用户名或者密码,包括 UNIX 的登录权限和从网络调用 Windows NT 的 API 的能力。很多攻击都是由拥有 UNIX shell 访问权限或者 Windows NT 资源访问权限的用户发起的,他们的目标在于将自己的权限提升成为超级用户,从而可以执行某个命令。对于这样的漏洞,前两种方法很难检查出来。因此,如果赋予测试进程目标系统的角色,将能够检查出更多的漏洞。

2.4 漏洞扫描系统功能

2.4.1 漏洞扫描系统的背景

随着计算机技术、网络技术的飞速发展及其应用的普及,网络安全日渐成为人们关注的焦点问题之一。近年来,安全技术和安全产品已经有了长足的进步,部分技术与产品已日趋成熟。但是,单个安全技术或者安全产品的功能和性能都有其局限性,只能满足系统与网络特定的安全需求。因此,如何有效利用现有的安全技术和安全产品保障系统与网络的安全已成为当前信息安全领域的研究热点之一。现阶段网络上使用最多的安全设备是防火墙和入侵检测,但它们仍存在较多的局限性和脆弱性。

1. 防火墙的局限性和脆弱性

防火墙是指设置在不同网络(如可信任的企业内部网和不可信任的公共网)或网络安全域之间的一系列部件的组合。它是不同网络或网络安全域之间信息的唯一出入口,能根据企业的安全政策控制(允许、拒绝、监测)出入网络的信息流,且本身具有较强的抗攻击能力。它是提供信息安全服务,实现网络和信息安全的基础设施,但是它也存在局限性。

(1)防火墙不能防范不经过防火墙的攻击。没有经过防火墙的数据,防火墙无法检查,如拨号上网。

(2)防火墙不能解决来自内部网络的攻击和安全问题。"外紧内松"是一般局域网络的特点,或许一道严密防守的防火墙的内部网络有可能是一片混乱。通过社会工程学发送带木马的邮件、带木马的 URL 等方式,然后由中木马的机器主动对攻击者发起连接,将铁壁一样的防火墙瞬间破坏掉。另外,对于防火墙内部各主机间的攻击行为,防火墙也爱莫能助。

(3) 防火墙不能防止最新的未设置策略或错误配置所引起的安全威胁。防火墙的各种策略也是在该攻击方式经过专家分析后给出其特征进而设置的。如果新发现某个主机漏洞的攻击者利用此漏洞进行攻击,防火墙也没有办法。

(4) 防火墙不能防止可接触的人为或自然的破坏。防火墙虽然是一个安全设备,但防火墙本身必须存在于一个安全的地方。

(5) 防火墙无法解决 TCP/IP 等协议的漏洞。防火墙本身就是基于 TCP/IP 等协议实现的,无法解决 TCP/IP 操作的漏洞,如利用 DoS 或 DDoS 进行攻击。

(6) 防火墙对服务器合法开放的端口的攻击大多无法阻止。

(7) 防火墙不能防止受病毒感染的文件的传输。防火墙本身并不具备查杀病毒的功能,即使集成了第三方的防病毒的软件,也没有一种杀毒软件可以查杀所有病毒。

(8) 防火墙不能防止数据驱动式的攻击。当有些表面看来无害的数据邮寄或复制到内部网的主机上并被执行时,可能会发生数据驱动式的攻击。

(9) 防火墙不能防止内部的泄密行为。如果防火墙内部的一个合法用户主动泄密,防火墙是无能为力的。

(10) 防火墙不能防止本身的安全漏洞的威胁。防火墙能够保护别人,但有时候却无法保护自己,目前还没有厂商绝对保证防火墙不会存在安全漏洞。防火墙也是一个操作系统,也有其硬件系统和软件,因此依然有漏洞和 Bug,所以其本身也可能受到攻击和出现软/硬件方面的故障。

2. 针对入侵检测的逃避技术

由于防火墙有上述诸多局限性,同时它处于网关的位置,不可能对进出攻击做出太多判断,否则会严重影响网络性能。如果把防火墙比作大门警卫,入侵检测就是网络中不间断的摄像机。入侵检测通过旁路监听的方式不间断地收取网络数据,对网络的运行和性能无任何影响,同时判断其中是否含有攻击的企图,通过各种手段向管理员报警。入侵检测不但可以发现从外部的攻击,也可以发现内部的恶意行为。所以,入侵检测是网络安全的第二道闸门,是防火墙的必要补充,构成完整的网络安全解决方案。

虽然入侵检测技术在网络安全方面有良好的性能表现,但随之也出现了针对入侵检测的逃避技术,绕过或欺骗入侵检测,实现入侵。常见的入侵检测逃避技术有以下 3 种。

(1) 利用字符串匹配的弱点。通过把字符串处理技术和字符替换技术结合到一起,其可以实现复杂的字符串伪装。

(2) 碎片覆盖。所谓碎片覆盖,就是发送碎片覆盖先前碎片中的数据。

(3) 拒绝服务。拒绝服务会消耗检测设备的处理能力,是真正的攻击逃过检测。例如,塞满硬盘空间,使检测设备无法记录日志,并且产生超出其处理能力的报警,使得系统管理人员无法研究所有的报警,因此挂掉检测设备。对于入侵检测系统而言,这类入侵检测系统无迹可寻,因此难以对付。

目前,对付破坏系统企图的理想方法是建立一个完全安全的没有漏洞的系统。但从实际上看,这是不可能的,软件中不可能没有漏洞和缺陷。因此,一个实用的方法是,建立比较容易实现的安全系统,同时按照一定的安全策略建立相应的安全辅助系统,如防火墙系统和入侵检测系统,漏洞扫描系统也是这样一类系统。就目前系统的安全状况而言,系统中存在着一定的漏洞,因此也就存在着潜在的安全威胁。但是,如果能够根据具体的应用环境,尽可能早地通过网络扫描发现这些漏洞,并及时采取适当的处理措施进行修补,就可以有效地阻止入侵事件的发生。与其“亡羊补牢”,不如未雨绸缪。因此,及时发现漏洞是有必要且非常重要。

2.4.2　漏洞扫描系统的应用场景

目前,漏洞扫描系统主要有两种应用场景:其一是用于企业单位内部自测,发现信息系统中存在的安全漏洞;其二是等保合规的检测。等保合规的检测会使用漏洞扫描设备对待检测的单位进行漏洞扫描,发现系统中存在的漏洞。

2.4.3　漏洞扫描系统的部署方案

漏洞扫描系统一般采用旁路部署的方式,其部署方案如图 2-10 所示。在旁路部署的方式下,漏洞扫描系统可以通过内网对操作系统、数据库、网络设备、防火墙等产品进行漏洞扫描;同时,其还可以通过无线网关(WiFi)对移动端设备的操作系统进行漏洞扫描;另

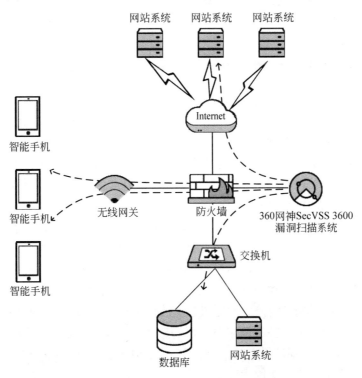

图 2-10　漏洞扫描系统的部署方案

外,在设置了 DNS 服务器的情况下,漏洞扫描系统还可以对外网的相关网站进行 Web 漏洞扫描。

旁路部署的漏洞扫描系统一般有两种扫描方式,分别是主动扫描和被动扫描。

1. 主动扫描

主动扫描是传统的扫描方式,该方式是基于网络的。它通过网络对远程的目标主机建立连接,并发送请求信息,分析其返回信息。当然,无响应本身也是信息,从而判断出目标主机是否存在漏洞。主动扫描大都与基于网络的扫描方式相结合,采用已编写好的特定脚本进行模拟攻击行为,然后对目标主机的反馈信息进行跟踪和分析,从中发现潜在的安全威胁。主动扫描的优势在于,能较快获取信息,准确性也比较高。但其缺点在于,易被发现,很难掩盖扫描痕迹。同时,要成功实施主动扫描,通常还需要突破防火墙。

2. 被动扫描

被动扫描是通过监听网络中传输的数据包取得信息,筛选出其中的不安全部分,然后分析信息系统是否存在漏洞。由于被动扫描具有很多优点,因此备受重视,其主要优点在于扫描过程很难被检测到。被动扫描一般只需要监听网络流量,不需要主动发送网络包,也不易受防火墙影响。其主要缺点在于,速度较慢,而且准确性较差,当目标不产生网络流量时,就无法得知目标的任何信息。

2.5 安全基线概述

2.5.1 安全基线的概念

安全基线是一个信息系统的最小安全保证,即该信息系统需要满足的最基本的安全要求。信息系统安全往往需要在安全付出成本与所能承受的安全风险之间进行平衡,而安全基线正是这个平衡的合理的分界线。

安全基线概念的引入和研究,可以形成针对不同系统的详细漏洞要求和检查清单要求,为标准化的技术安全操作提供框架和标准。安全基线的构建和管理有助于企业推进信息安全管理工作,提升信息安全工作水平。

目前,在等级保护中使用安全基线。信息安全等级保护是对信息和信息载体按照重要性等级分级别进行保护的一种工作,在中国、美国等多个国家都存在的一种信息安全领域的工作。在我国,信息安全等级保护广义上为涉及该工作的标准、产品、系统、信息等均依据等级保护思想的安全工作;狭义上一般指信息系统安全等级保护。

《信息安全等级保护管理办法》规定,国家信息安全等级保护坚持自主定级、自主保护的原则。信息系统的安全保护等级应当根据信息系统在国家安全、经济建设、社会生活中的重要程度,信息系统遭到破坏后对国家安全、社会秩序、公共利益以及公民、法人和其他组织的合法权益的危害程度等因素确定。

信息系统的安全保护等级分为以下 5 级。

第1级,信息系统受到破坏后,会对公民、法人和其他组织的合法权益造成损害,但不损害国家安全、社会秩序和公共利益。第1级信息系统运营、使用单位应当依据国家有关管理规范和技术标准进行保护。

第2级,信息系统受到破坏后,会对公民、法人和其他组织的合法权益产生严重损害,或者对社会秩序和公共利益造成损害,但不损害国家安全。国家信息安全监管部门对该级信息系统安全等级保护工作进行指导。

第3级,信息系统受到破坏后,会对社会秩序和公共利益造成严重损害,或者对国家安全造成损害。国家信息安全监管部门对该级信息系统安全等级保护工作进行监督、检查。

第4级,信息系统受到破坏后,会对社会秩序和公共利益造成特别严重的损害,或者对国家安全造成严重损害。国家信息安全监管部门对该级信息系统安全等级保护工作进行强制监督、检查。

第5级,信息系统受到破坏后,会对国家安全造成特别严重的损害。国家信息安全监管部门对该级信息系统安全等级保护工作进行专门监督、检查。

目前,将信息安全等级保护第3级及以上等级作为安全基线,将该等级对应的防护要求作为安全基线的具体内容,这些防护要求具体包括:"身份鉴别""访问控制""安全审计""剩余信息保护""通信完整性""通信保密性""抗抵赖""软件容错"以及"资源控制"等。

制定信息系统安全基线时,参考等级保护基本要求和相关的国家安全规范针对现有信息系统中应用的主流网络设备、安全设备、操作系统、数据库及重要的应用系统、中间件,明确为保证其基本安全运行而需要遵从的基本安全配置要求及参数阈值。依此制定的安全基线,事实上已经涵盖了等级保护的基本要求。按照该安全基线对信息平台进行检查,相当于进行了一次该信息平台的等级保护安全评估。

2.5.2 安全基线的检测

安全基线的检测是指对信息系统的安全配置规范设计开发专门的配置检查工具,对系统的配置信息展开合规检查,将结果与安全基线进行比对,找出不符合的项目。通过选择和实施安全措施加固系统,控制安全风险。配置检查工具的开发和使用在技术层面实现了安全基线检查的自动化,提高了安全基线检查的工作效率。

安全基线检测的实质是对信息等级保护的基本要求进行测评。常见的安全基线检测主要有以下3类。

1. 网络安全
网络安全主要是针对恶意代码进行防范。一方面,应在网络边界处对恶意代码进行检测和清除;另一方面,应维护恶意代码库的升级和检测系统的更新。

2. 主机安全
主机安全主要分为身份鉴别和访问控制。一方面,操作系统和数据库管理系统的用户身份标识应具有不易被冒用的特点,口令应有复杂度要求并定期更换;另一方面,应严格限制默认账户的访问权限,重命名系统默认账户,修改这些账户的默认口令。

3. 应用安全

应用安全与网络安全类似,需要防范恶意代码,但主机防恶意代码产品应具有与网络防恶意代码产品不同的恶意代码库。

需要说明的是,此处介绍了安全基线检测分为网络、主机和应用,详细描述参见第 8 章相关介绍。

思 考 题

1. 请简述漏洞扫描的定义和原理。
2. 常见的漏洞扫描策略有哪些? 它们分别有什么特点?
3. 请简述漏洞扫描的流程。
4. 为什么需要漏洞扫描系统?
5. 漏洞扫描系统常见的部署方案是什么?
6. 安全基线是什么? 如何检测安全基线?

第 3 章
网络设备漏洞及其防范措施

在移动互联和大数据时代谈论网络漏洞,感知网络漏洞态势是最基本、最基础的工作。网络设备作为互联网的关键网元,其态势从微观的角度反映了整体的网络漏洞态势。没有网络设备的漏洞就没有网络漏洞。网络设备的漏洞及其防范措施的重要性近年来不断凸显出来。

3.1 网络设备常见漏洞

网络设备自身的安全性是网络整体安全中极其重要的一环。网络设备漏洞按设备类型可以分为:防火墙漏洞、交换机漏洞、路由器漏洞、网关设备漏洞、手机设备漏洞和网络摄像头漏洞。图 3-1 是来自 IOT 设备漏洞情况统计简报(CNVD)的漏洞按设备类型分布图。

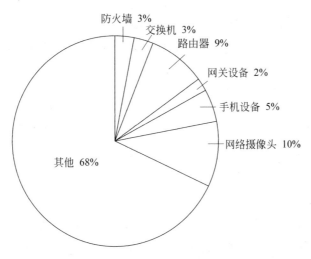

图 3-1 漏洞按设备类型分布图

常见的网络设备漏洞有路由器漏洞、交换机漏洞、防火墙漏洞,如图 3-2 所示。

网络设备的主要作用是进行数据的转发,如果这些设备出现了漏洞,轻则影响网络的正常运转,严重时会使流经网络设备的信息遭到窃听、篡改等,造成极大的网络安全隐患。

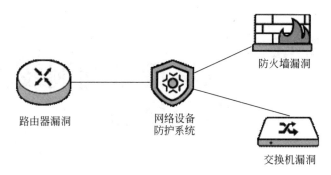

图 3-2　常见的网络设备漏洞

3.1.1　交换机漏洞

交换机漏洞主要包括 VLAN 跳跃漏洞、生成树漏洞、MAC 表洪水漏洞、ARP 漏洞、VTP 漏洞。

1. VLAN 跳跃漏洞

虚拟局域网(VLAN)是一组逻辑上的设备和用户,这些设备和用户并不受物理位置的限制,可以根据功能、部门及应用等因素将它们组织起来。VLAN 是一种比较新的技术,工作在 OSI 参考模型的第 2 层和第 3 层,一个 VLAN 就是一个广播域,VLAN 之间的通信是通过第 3 层的路由器完成的。VLAN 常常用于为网络提供额外的安全。因为一个 VLAN 上的计算机无法与没有明确访问权的另一个 VLAN 上的用户进行对话,所以 VLAN 本身不足以保护环境的安全。恶意黑客正是利用 VLAN 跳跃漏洞,即使未经授权,也可以从一个 VLAN 跳到另一个 VLAN。具体而言,VLAN 中两个相互连接的交换机,通过动态中继协议(DTP)进行协商,确定它们要不要成为 IEEE 802.1q 中继,协商过程是通过检查端口的配置状态完成的。VLAN 跳跃漏洞正是利用了 DTP。在 VLAN 跳跃漏洞中,黑客可以欺骗计算机,冒充成另一个交换机发送虚假的 DTP 协商消息,宣布它想成为中继;真实的交换机收到这个 DTP 消息后,以为它应当启用 IEEE 802.1q 中继功能,而一旦中继功能被启用,通过所有 VLAN 的信息流就会发送到黑客的计算机上。

中继建立起来后,黑客可以继续探测信息流,也可以通过给帧添加 IEEE 802.1q 信息,指定想把攻击流量发送给哪个 VLAN。

2. 生成树漏洞

生成树协议(STP)通过生成树保证一个已知的网桥在网络拓扑中沿一个环动态工作,使用 STP 的所有交换机都通过网桥协议数据单元(BPDU)共享信息,BPDU 每两秒就发送一次。交换机发送 BPDU 时,里面含有名为网桥 ID 的标号,这个网桥 ID 结合了可配置的优先数(默认值是 32768)和交换机的基本 MAC 地址。交换机可以发送并接收这些 BPDU,以确定哪个交换机拥有最低的网桥 ID,拥有最低网桥 ID 的那个交换机成为根网桥(Root Bridge)。

使用生成树协议可以防止冗余的交换环境出现回路。要是网络有回路,就会变得拥塞不堪,从而出现广播风暴,引起 MAC 表不一致,最终使网络崩溃。

恶意黑客利用 STP 的工作方式发动 DDoS 攻击。如果恶意黑客把一台计算机连接到不止一个交换机,然后发送精心设计具有较低 ID 的 BPDU 给网桥,就可以欺骗交换机,使其以为这是根网桥,这会导致 STP 重新收敛(reconverge),从而引起回路,导致网络崩溃。

3. MAC 表洪水漏洞

交换机的工作方式是:帧在进入交换机时记录下 MAC 源地址,这个 MAC 地址与帧进入的那个端口相关,因此以后通往该 MAC 地址的信息流将只通过该端口发送出去。这可以提高带宽利用率,因为信息流不用从所有端口发送出去,只从需要接收的那些端口发送出去。

MAC 地址存储在内容可寻址存储器(CAM)里,CAM 是一个 128KB 大小的保留内存,专门用来存储 MAC 地址,以便快速查询。如果恶意黑客向 CAM 发送大批数据包,就会导致交换机开始向各个地方发送大批信息流,从而埋下隐患,甚至导致交换机在拒绝服务的漏洞中崩溃。

4. ARP 漏洞

ARP(address resolution protocol)欺骗是一种用于会话劫持漏洞中的常见手法。地址解析协议(ARP)利用第 2 层物理 MAC 地址映射第 3 层逻辑 IP 地址,如果设备知道了 IP 地址,但不知道被请求主机的 MAC 地址,它就会发送 ARP 请求。ARP 请求通常以广播形式发送,以便所有主机都能收到。

恶意黑客可以发送被欺骗的 ARP 回复,获取发往另一个主机的信息流,即存在一个 ARP 欺骗过程,其中 ARP 请求以广播帧的形式发送,以获取合法用户的 MAC 地址。假设黑客 Jimmy 也在网络上,试图获取发送到这个合法用户的信息流,黑客 Jimmy 欺骗 ARP 响应,声称自己是 IP 地址为 10.0.0.55(MAC 地址为 05-1C-32-00-A1-99)的主人,合法用户也会用相同的 MAC 地址进行响应。结果是,交换机在 MAC 地址表中有了与该 MAC 地址相关的两个端口,发往这个 MAC 地址的所有帧都被同时发送到合法用户和黑客 Jimmy。

5. VTP 漏洞

VLAN 中继协议(VLAN trunk protocol,VTP)是一种管理协议,它可以减少交换环境中的配置数量。就 VTP 而言,交换机可以是 VTP 服务器、VTP 客户端或者 VTP 透明交换机,这里着重讨论 VTP 服务器和 VTP 客户端。用户每次对工作于 VTP 服务器模式下的交换机进行配置改动时,无论是添加、修改,还是移除 VLAN,VTP 配置版本号都会增加 1,VTP 客户端看到配置版本号大于目前的版本号后,就知道与 VTP 服务器进行同步。

恶意黑客可以让 VTP 为己所用,移除网络上的所有 VLAN(除了默认的 VLAN 外),这样就可以进入其他每个用户所在的同一个 VLAN 上。不过,用户可能仍在不同的网络上,所以恶意黑客需要改动其 IP 地址,才能进入位于同一个网络上其想要攻击的主机。

恶意黑客只要连接到交换机,并在计算机和交换机之间建立一条中继,就可以充分利用 VTP。黑客可以发送 VTP 消息到配置版本号高于当前的 VTP 服务器,这会导致所有交换机都与恶意黑客的计算机进行同步,从而把所有非默认的 VLAN 从 VLAN 数据库中移除出去。

3.1.2　路由器漏洞

截止到 2016 年底,包括 D-Link、TP-Link、Cisco、斐讯、iKuai 等一众国内外知名品牌都相继爆出了高危漏洞,影响上万用户的网络安全。图 3-3 所示为来自瑞星 2016 年中国信息安全报告的根据 exploits-db 披露的各品牌路由器漏洞比例。

路由器的漏洞类型包括默认口令、固件漏洞、路由后门等一系列安全问题。通过对相关路由器事件进行统计,在各种攻击方式中弱口令占比例最多。根据 CNVD 白帽子、补天平台以及漏洞盒子等来源的汇总信息,路由器漏洞类型比例如图 3-4 所示。

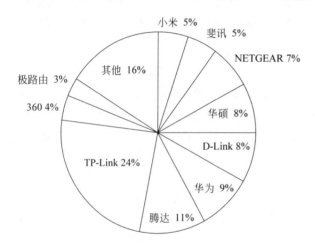

图 3-3　2016 年各品牌路由器漏洞比例

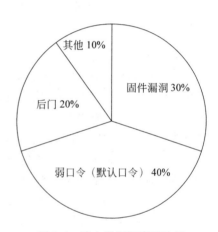

图 3-4　路由器漏洞类型比例

3.1.3　防火墙漏洞

网络攻击者如果获得路由器或交换机的管理访问权限,将会产生灾难性后果。而如果攻击者获得了防火墙管理权限,后果将更加严重。对于任何企业而言,防火墙都是主要的防御手段,如果攻击者获取了关闭防火墙的权限或者甚至能够操纵它允许某些流量出入,结果可能是毁灭性的。

因此,各种防火墙供应商会不定期地发布已知漏洞的修复补丁,而对于未知漏洞,可能无法及时提供修复补丁。例如,思科公司投入了大量资金维护其产品的安全性,在 Security Advisories、Response 和 Notices 网站提供了相关数据库,让用户充分了解所有思科产品(包括防火墙)的最新安全问题,并且发布修复补丁。但很多企业用户没有安排专门的人员监控防火墙供应商最新发布的漏洞信息及补丁,这样的做法存在严重问题。因为负责管理企业防火墙基础设施的人员必须尽一切努力了解最新修复补丁、漏洞监控和其他可能产生的问题。根据数据库防火墙技术市场调研报告,2016 年各公司防火墙漏洞报告如图 3-5 所示。可以看出,在防火墙市场中,Oracle 公司发布的防火墙漏洞报告占比较大,为提高防火墙的安全性,各防火墙供应商应重视最新漏洞信息以及补丁的发布。

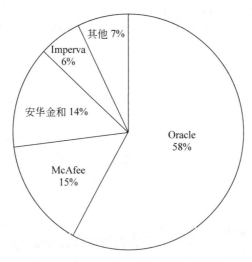

图 3-5　2016 年各公司防火墙漏洞报告

3.2　网络设备漏洞扫描

如何避免网络漏洞的产生,保障自身网络的安全,其中一个主要的方法就是自查自纠,在这个过程中,对网络设备漏洞进行扫描成为一种较为快捷、直观、简单的方法。扫描技术基于 TCP/IP,对各种网络服务,无论是主机,或者防火墙、路由器、交换机漏洞都适用。同时,扫描可以确认各种配置的正确性,避免遭受不必要的攻击。网络扫描是一把双刃剑,对于安全管理员来说,可用来确保自己系统的安全性,也能被黑客用来查找系统的入侵点。目前,扫描技术已经非常成熟,已经出现了大量应用于商业、非商业的扫描器。

3.2.1　扫描器的重要性

(1) 扫描器能够暴露网络上潜在的脆弱性。

(2) 无论扫描器被管理员利用,或者被黑客利用,都有助于加强系统的安全性。

(3) 能够使得漏洞被及早发现。

(4) 扫描器除了能扫描端口,往往还能够发现系统存活情况,以及哪些服务在运行。

(5) 用已知的漏洞测试这些系统。

(6) 能够完成操作系统辨识、应用系统识别等任务。

3.2.2　常见的漏洞扫描器类型

漏洞扫描器是一种能自动检测远程或本地主机系统在安全性方面弱点和隐患的程序。常见的漏洞扫描器类型根据工作模式不同,可以分为主机漏洞扫描器和网络漏洞扫描器两大类。主机漏洞扫描器又称本地扫描器,它与待检查系统运行于同一结点,执行对自身的检查。它的主要功能为分析各种系统文件内容,查找可能存在的对系统安全造成威胁的配置错误。网络漏洞扫描器又称远程扫描器,它和待检查系统运行于不同结点,通过网络远程探测目标结点,检查安全漏洞。远程扫描器检查网络和分布式系统的安全漏洞。根据扫描功能不同,可以将常见的扫描器分为如下几种类型。

1. 端口扫描器

Nmap 是最常用的扫描工具,很多人认为 Nmap 仅用于扫描端口,但 Nmap 的功能非常强大,包括操作系统的服务判定、操作系统指纹的判定、防火墙及 IDS 的规避技术。Nmap 可以完成大范围的早期评估工作。实际上,Nmap 的端口扫描的不管是主机开放端口、服务,还是操作系统版本,它的大部分依据都来自端口扫描的结果,根据其结果去判定其他信息。

2. 漏洞扫描器

以 nessus 为免费产品代表,nessus 的安装应用程序、脚本语言都是公开的,但从版本3开始它就转向一个私有的授权协议。其扫描引擎仍然免费,不过对其支持和最新的漏洞定义要收费。nessus 目前的最新版本是 nessus 7.2。该扫描器不仅可以检查系统漏洞,还可以检查一部分配置失误。

3. Web 应用扫描器

这类扫描器相对而言,功能比较专一,仅用于评估网站的安全性,对于系统、网络的基础情况一般不关注,关注的焦点主要是 Web 应用。常见的有 appscan、WEBinspect,主要检测 Web 应用数据提交、信息泄漏等问题。

3.2.3　商业扫描器的特点

大部分商业扫描器都工作在黑盒模式,这种扫描器的特点如下。

1. 精确扫描漏洞

在商业化应用中,对误报、漏报的容忍程度比较低。但目前的情况,误报和漏报还是无法规避的。具体扫描的信息有如下 3 个方面。

状态扫描:状态扫描是对目标主机开放的服务、通信的情况、OS 版本和应用服务的版本进行扫描。

漏洞扫描:漏洞扫描是通过扫描验证当前系统是否存在可利用、不可利用的漏洞,如果可利用,那么通过使用一些扫描器就可以进行写入文件或者拿到 shell。

弱口令扫描:弱口令就是使用的密码较简单。弱口令扫描主要使用密码字典和穷举对开放的服务进行口令破解。

2. 修补联动

商用扫描器在漏洞精确扫描之后,会给出一些建议和技术手段屏蔽漏洞。最初提供的是一些修补建议,这种方式对专业技术人员来说有相当价值,但对于一些技术较薄弱或者比较懒惰的用户,修补建议的作用就被忽略了。在新一代的商用扫描器中,提出了修补联动的概念,通过发送注册表提示用户,用户双击注册表,就可以导入需要修改、升级补丁的信息,并且还可以和 WSUS 进行联动,通过该方式基本实现自动化的修补。

3.2.4 常见的扫描技术

为了描述常见的扫描技术,以 Nmap 工作流程为例,整个扫描流程如图 3-6 所示。

(1) 存活性扫描:指大规模评估一个较大网络的存活状态。例如,跨地域、跨系统的大型企业。但是,被扫描主机可能通过一些欺骗性措施逃过存活性扫描的判定,如使用防火墙阻塞 ICMP 数据包。

(2) 端口扫描:针对主机判断端口的开放和关闭情况,不管其是不是存活。端口扫描也成为存活性扫描的一个有益补充,如果主机存活,必然要提供相应的状态,因此无法隐藏其存活情况。

(3) 服务识别:通过端口扫描的结果,可以判断出主机提供的服务及其版本。

(4) 操作系统识别:利用服务的识别,可以判断出操作系统的类型及其版本。

根据以上扫描流程,具体介绍以下 5 种扫描技术。

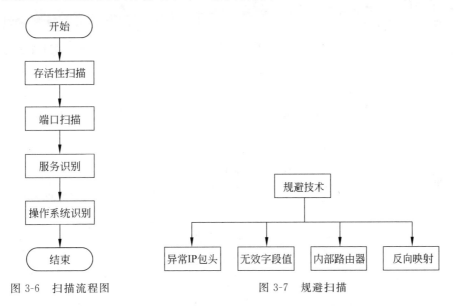

图 3-6 扫描流程图 图 3-7 规避扫描

1. 主机存活扫描技术

主机扫描的目的是确定在目标网络上的主机是否可达。这是信息收集的初级阶段,其效果直接影响到后续的扫描。ping 就是最原始的主机存活扫描技术,利用 ICMP 的 echo 字段,如果发出的请求收到回应,则代表主机存活。

2. 规避技术

为了达到规避防火墙和入侵检测设备的目的,利用 ICMP 协议提供网络间传送错误信息的功能,使其成为非常规扫描手段。其主要原理是利用被探测主机产生的 ICMP 错误报文进行复杂的主机探测。

常用的规避技术大致分为 4 类,如图 3-7 所示。

异常 IP 包头:向目标主机发送包头错误的 IP 包,目标主机或过滤设备会反馈 ICMP

Parameter Problem Error 信息。常见的伪造错误字段为 Header Length 和 IP Options。不同厂家的路由器和操作系统对这些错误的处理方式不同,返回的结果也不同。

在 IP 头中设置无效的字段值:向目标主机发送的 IP 包中填充错误的字段值,目标主机或过滤设备会反馈 ICMP Destination Unreachable 信息。这种方法同样可以探测目标主机和网络设备。

通过超长包探测内部路由器:若构造的数据包长度超过目标系统所在路由器的 PMTU 且设置禁止分片标志,则该路由器会反馈 Fragmentation Needed and Don't Fragment Bit was Set 差错报文。

反向映射探测:用于探测被过滤设备或防火墙保护的网络和主机。具体运行机制是构造可能的内部 IP 地址列表,并向这些地址发送数据包。当对方路由器接收到这些数据包时,会进行 IP 识别并安排好路由,对不在其服务范围的 IP 包发送 ICMP Host Unreachable 或 ICMP Time Exceeded 错误报文,没有接收到相应错误报文的 IP 地址则被认为在该网络中。

3. 端口扫描技术

完成主机存活性判断之后,就应该判定主机开放信道的状态,端口就是在主机上面开放的信道,端口总数是 65535,其中 0～1024 为知名端口。端口实际上就是从网络层映射到具体进程的通道。通过这个关系就可以掌握什么样的进程使用了什么样的通道,在这个过程中,可以通过进程取得的信息为查找后门、了解系统状态提供有力的支撑。常见的端口扫描技术如图 3-8 所示。

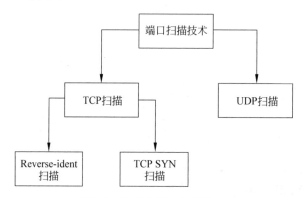

图 3-8　常见的端口扫描技术

1) TCP 扫描

利用三次握手过程与目标主机建立完整或不完整的 TCP 连接。

在 TCP 的报头里有 6 个连接标记,分别是 URG、ACK、PSH、RST、SYN、FIN。通过这些连接标记不同的组合方式,可以获得不同的返回报文。例如,发送一个 SYN 置位的报文,如果 SYN 置位瞄准的端口是开放的,SYN 置位的报文到达的端口开放的时候,就会返回 SYN+ACK,代表其能够提供相应的服务。收到 SYN+ACK 后,返回给对方一个 ACK。这个过程就是著名的三次握手。这种扫描的速度和精度都是令人满意的。

Reverse-ident 扫描：这种技术利用了 ident 协议(RFC1413)，TCP 端口为 113，这是很多主机都会运行的协议，用于鉴别 TCP 连接的用户。

ident 的操作原理是查找特定 TCP/IP 连接并返回拥有此连接进程的用户名。它也可以返回主机的其他信息，但这种扫描方式只能在 TCP 全连接之后才有效，并且实际上很多主机都会关闭 Ident 服务。

TCPSYN 扫描：向目标主机的特定端口发送一个 SYN 包，如果端口没开放，就不会返回 SYN＋ACK，这时会给你一个 RST，停止建立连接。由于连接没有完全建立，所以称为半开放扫描。但由于 SYN flood 作为一种 DDoS 攻击手段被大量采用，因此很多防火墙都会对 SYN 报文进行过滤，所以这种方法并不总是有效的。

其他还有 FIN、NULL、Xmas 等扫描方式。

2）UDP 扫描

由于现在防火墙设备的流行，TCP 端口的管理状态越来越严格，不会轻易开放，并且通信监视严格。为了避免这种监视，达到评估的目的，就出现了秘密扫描。这种扫描方式的特点是利用 UDP 端口关闭时返回的 ICMP 信息，不包含标准的 TCP 三次握手协议的任何部分，隐蔽性好。

但是，UDP 扫描使用的数据包在通过网络时容易被丢弃，从而产生错误的探测信息，并且该方式具有明显的缺陷，即速度慢、精度低。UDP 的扫描方法比较单一，基础原理是：当发送一个报文给 UDP 端口，该端口是关闭状态时，端口会返回给一个 ICMP 信息，所有的判定都基于这个原理。

使用 UDP 扫描需要注意的是：第一，因为 UDP 不是面向连接的，所以其精度较低；第二，UDP 的扫描速度比较慢，TCP 扫描开放 1s 的延时，在 UDP 里可能就需要 2s，这是由于不同操作系统在实现 ICMP 的时候为了避免广播风暴都会有峰值速率的限制(因为 ICMP 并不是传输载荷信息，所以传输信息的价值有限，操作系统在实现时会避免 ICMP 报文过多。为了避免产生广播风暴，操作系统对 ICMP 报文规定了峰值速率。对于不同操作系统，该速率不同)，因此，利用 UDP 作为扫描的基础协议会对精度、延时产生较大影响。

4. 服务及系统指纹

判定完端口状况之后，继而就要判定服务。常见的服务及系统指纹技术如图 3-9 所示。

端口判定：这种判定服务的方式就是根据端口直接利用端口与服务对应的关系，如 23 端口对应 Telnet，21 对应 FTP，80 对应 HTTP。这种方式判定服务是较早的一种方式，对于大范围评估，是有一定价值的，但其精度较低。例如，使用 NetCat 这样的工具在 80 端口上监听，这样扫描时会以为 80 在开放，但实际上 80 并没有提供 HTTP 服务，由于这种关系只是简单对应，并没有判断端口运行的协议，这就会产生误判，认为只要开放了 80 端口，就是开放了 HTTP。但实际

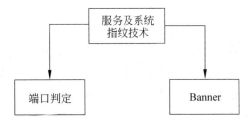

图 3-9　常见的服务及系统指纹技术

并非如此,这就是端口扫描技术在服务判定上的根本缺陷。

Banner:Banner 的方式相对精确。获取服务的 Banner 是一种比较成熟的技术,可用来判定当前运行的服务,对服务的判定较为准确。该方式不仅能判定服务,还能判定具体的服务版本信息。例如,根据头部信息发现对方是 Redhat Linux,基本上可以锁定服务的真实性。此外,这种技术比较灵活。例如,HTTP、FTP、Telnet 都能够获取一些 Banner 信息。为了判断服务类型、应用版本、OS 平台,通过模拟各种协议初始化握手获取信息。

但是需要注意的是,在安全意识普遍提升的今天,对 Banner 的伪装导致精度大幅降低。例如,IIS 和 Apache 可以对存放 Banner 信息的文件字段进行修改,而且这种修改的开销很低。此外,当前流行的一个伪装工具 Servermask 不仅能够伪造多种主流 Web 服务器 Banner,还能伪造 HTTP 应答头信息里的项的序列。

5. 指纹技术

指纹技术利用 TCP/IP 协议栈实现上的特点辨识一个操作系统。可辨识操作系统类型、主版本号,甚至可辨识小版本号。常见的指纹技术如图 3-10 所示。

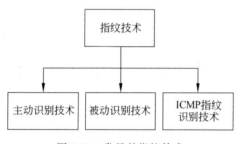

图 3-10　常见的指纹技术

主动识别技术:采用主动发包,利用多次试探,一次一次筛选不同信息,如根据 ACK 值判断,有些系统会发回所确认的 TCP 分组的序列号,有些会发回序列号加 1,还有一些操作系统会使用一些固定的 TCP 窗口。某些操作系统还会设置 IP 头的 DF 位改善性能,这些都可以成为判断的依据。需要说明的是,这种技术判定 Windows 的精度比较差,只能判定一个大致区间,很难判定出其精确版本,但是在识别 UNIX 网络设备时,甚至可以判定出小版本号,精确度较高。在大多数情况下,目标主机与源主机跳数越多,精度越差,原因在于数据包里的很多特征值在传输过程中都已经被修改或模糊化,一定程度上会影响到探测的精度。

被动识别技术:不是向目标系统发送分组,而是被动监测网络通信,以确定所用的操作系统。具体而言,对报头内 DF 位、TOS 位、窗口大小、TTL 的嗅探进行判断。因为该方式不需要发送数据包,只需要抓取其中的报文,所以叫作被动识别技术。

ICMP 指纹识别技术:在黑帽大会上,出现了 ICMP 指纹识别技术,并开发出相应的工具 Xprobe,其优势是只需要通过 ICMP,发送一批 UDP 包给关闭的高端端口,然后计算返回来的不可达错误消息。通常情况下送回 IP 头+8 个字节,但是个别系统送回的数据更多一些。根据 ICMP 回应的 TOS、TTL 值、校验和等信息,并以树状的形式过滤,最终精确锁定。例如,当发送 ICMP 的 echo 请求时,对方回应的 TTL 值是有一定规律可循的。

3.3　网络设备漏洞防护

3.3.1　硬件本身的防护措施

1. 防火墙防护

防火墙技术是网络漏洞防护中最常用的技术之一。防火墙可以看作是一个位于计算机和它所连接的网络之间的软件或硬件，该计算机流入/流出的所有网络通信和数据包均要经过此防火墙。防火墙的作用原理是在用户端网络周围建立起一定的保护网络，从而将用户的网络与外部的网络相隔。防火墙技术能够在很大程度上阻挡外部的入侵，同时还能避免系统内部对外部网络进行非法访问。简单地说，防火墙就是在内部系统和外部网络之间建立起一层保护层，在这个保护层中有各种各样的硬件和软件设施，能够区分用户内部网络和外界网络、公告网络等。防火墙主要由服务访问规则、验证工具、包过滤和应用网关 4 个部分组成。任何外部的访问都需要经过这几个部分的验证后才被允许，而无法通过防火墙验证的访问则被限制在了防火墙的外部，这样就能在最大限度上防止黑客和病毒的入侵，筛除非法访问，避免网络内部的信息被随意篡改。防火墙技术最开始是为了避免 Internet 网络中的不安全因素，而当前该技术已经在局域网和互联网中得到广泛应用，成为基础性的网络安全保护设施。

2. 路由器防护

路由器具备了完备的安全功能，有时甚至要比防火墙的功能还完备。现在的大多数路由器都具备了健壮的防火墙功能，还有一些有用的 IDS/IPS 功能，可以作为健壮的QoS 和流量管理工具，当然还具备强大的 VPN 数据加密功能。综上，路由器完全有能力为网络增加安全性。同时，利用现代的 VPN 技术，可以相当简便地为企业 WAN 上的所有数据流进行加密。通常，主要从以下 4 个方面实现路由器防护。

1）对路由器设置特定的 IP 地址

当设置路由器时，首先是在浏览器中输入路由器的管理地址，进入路由器管理界面，但是，有时为了安全考虑，网络管理员会修改路由器的默认管理地址为其他地址。

一般情况，用户都是从 WLAN 内获得对路由器基于 Web 的管理接口的访问，不需要远程管理路由器。但这种方式并不安全，较安全的做法是，用户首先使用虚拟专用网络（VPN）安全地连接到本地网络，然后再访问路由器的接口。采用这样的方式，攻击者就不能从网络直接访问路由器了。

如果用户采取上述保护方法，就可以进一步锁定自身的路由器了。此外，通过指定一个互联网协议（IP）地址，用户就可以管理路由器。具体方法如下：用户通过手动配置计算机，使其在需要连接到路由器时，通过路由器的动态主机配置协议（DHCP）自动使用尚未分配给 WLAN 上其他设备的特定 IP 地址。

用户还可以试着将他们的路由器的 LAN IP 地址更改为 DHCP 地址池中的第一个地址以外的地址。这样就把路由器从整个网络分开，有助于保护路由器免受跨站点请求伪造（CSRF）的攻击。

2）拒绝使用无线安全设置

对于一般用户，无线安全设置（WPS）提供了一个相对简便的加密方法。通过该功能，不仅可以将具备 WPS 功能的 WiFi 设备和无线路由器进行快速互联，还可以随机产生一个 8 位数字的字符串作为个人识别号码（PIN）进行加密操作，省去了客户端连入无线网络时，必须手动添加网络名称（SSID）及输入冗长的无线加密密码的烦琐过程。

路由器制造商认为对无线网加密是一个复杂的过程，为了方便用户，于是设计开发了 WPS 功能。该功能允许新用户通过输入一个 8 位数的 PIN 加入网络，当正确提交时，将更复杂的 PSK 传送到其设备并存储。

然而，任何容易设置的东西同时也容易遭到攻击。美国计算机应急准备小组（USCERT）在 2012 年就把 WPS 的安全漏洞公之于众。早在 2011 年，就有攻击者可以强制获得有线等效保密（WEP）或 WiFi 保护访问（WPA）的密码了。目前还没有针对 WPS 缺陷的通用补丁，除非设备生产商把所有的设备进行更新。

3）考虑网络分段和 MAC 地址过滤

网络分段和无线 MAC 地址过滤都可以有效控制无线网络内用户的上网权限，实施分离的 VLAN 就可以将物联网设备与其他部分隔离。如果攻击者侵入并访问 VLAN，则在大多数情况下不会影响其他的连网设备。

为了进一步加强安全，用户可以利用每个计算设备的媒体访问控制（MAC）地址或其唯一的硬编码标识符将该设备列入白名单，并批准其对无线网的访问，那些没有访问权限的设备则无法连接到路由器。

4）端口转发和 IP 过滤结合使用

家庭路由器都配有防火墙，以便阻止互联网上的所有设备与本地网络上的设备连接。

路由器和计算设备通常具有通用即插即用（UPnP）的特征。路由器 UPnP 功能用于实现局域网计算机和智能移动设备，通过网络自动彼此对等连接，而且连接过程无须用户的参与。但并不是用户都希望他们的设备被自动连接，这时用户可以设置端口转发。端口转发是一组防火墙入站规则，告诉路由器读取每个传入数据包的源 IP 地址、TCP 中的源端口号等其他特性。根据这些特性，路由器就可以对特定的设备发送数据包或阻止不符合特性的访问。

端口转发和 IP 过滤结合使用所起的作用就是指定哪些 IP 地址可以使用哪些特定端口，才能连入网络，这样在一定程度上提高了路由器的安全性。

3. 交换机防护

交换机实际是一个为转发数据包优化的计算机，但是只要是计算机，就有被攻击的可能，如非法获取交换机的控制权，导致网络瘫痪以及受到 DoS 攻击等。此外，交换机可以作生成权维护、路由协议维护、ARP、建路由表，维护路由协议，对 ICMP 报文进行处理，监控交换机，这些都有可能成为黑客攻击交换机的手段。

传统交换机主要用于数据包的快速转发，强调转发性能。随着局域网的广泛互联，加上 TCP/IP 本身的开放性，网络安全成为一个突出问题，网络中的敏感数据、机密信息被泄漏,重要数据设备被攻击,而交换机作为网络环境中重要的转发设备,其原来的安全特性已经无法满足现在的安全需求,因此传统的交换机需要增加安全性。

在网络设备厂商看来,加强安全性的交换机是对普通交换机的升级和完善,除了具备一般的功能外,这种交换机还具备普通交换机不具有的安全策略功能。这种交换机从网络安全和用户业务应用出发,能够实现特定的安全策略,限制非法访问,进行事后分析,有效保障用户网络业务的正常开展。实现安全性的一种做法就是在现有交换机中嵌入各种安全模块。现在,越来越多的用户都表示希望在交换机中增加防火墙、VPN、数据加密、身份认证等功能。

安全性加强后的交换机本身具有抗攻击性,比普通交换机具有更高的智能性和安全保护功能。在系统安全方面,交换机在网络由核心到边缘的整体架构中实现了安全机制,即通过特定技术对网络管理信息进行加密、控制;在接入安全性方面,采用安全接入机制,包括 IEEE 802.1x 接入验证、RADIUS/TACACST、MAC 地址检验以及各种类型虚拟网技术等。不仅如此,许多交换机还增加了硬件形式的安全模块,一些具有内网安全功能的交换机则更好地遏制了随着 WLAN 应用而泛滥的内网安全隐患。

目前交换机中常用的安全技术主要包括以下 4 种。

1) 流量控制技术

把流经端口的异常流量限制在一定范围内。许多交换机具有基于端口的流量控制功能,能够实现风暴控制、端口保护和端口安全。流量控制功能用于交换机与交换机之间在发生拥塞时通知对方暂时停止发送数据包,以避免报文丢失。广播风暴抑制可以限制广播流量的大小,对超过设定值的广播流量进行丢弃处理。然而,交换机的流量控制功能只能对经过端口的各类流量进行简单的速率限制,将广播、组播的异常流量限制在一定范围内,无法区分哪些是正常流量,哪些是异常流量。同时,设定一个合适的阈值也比较困难。

2) 访问控制列表(ACL)技术

ACL 通过对网络资源进行访问输入和输出控制,确保网络设备不被非法访问或被用作攻击跳板。ACL 是一张规则表,交换机按照顺序执行这些规则,并且处理每一个进入端口的数据包。每条规则根据数据包的属性(如源地址、目的地址和协议)选择允许或拒绝数据包通过。由于规则是按照一定顺序处理的,因此每条规则的相对位置对于确定允许和不允许什么样的数据包通过网络至关重要。

如今,业界普遍认为安全应该遍布于整个网络内,内网到外网的安全既需要通过防火墙之类的专业安全设备解决,也需要交换机在保护用户方面发挥作用。目前绝大多数用户对通过交换机解决安全问题抱积极态度,近 75% 的用户打算今后在实践中对交换机采取安全措施,希望通过加固遍布网络的交换机实现安全目标。

3) "防护"需要出色的体系结构

优秀的防护首先要有一个出色的体系结构设计。现在,很多交换机产品都采用全分布式体系结构设计,通过功能强大的 ASIC 芯片进行高速路由查找,使用最长匹配、逐包转发的方式进行数据转发,从而大大提升了路由交换机的转发性能和扩充能力。

4）IPv6 技术

近几年来，IT 技术迅速发展，用户日益丰富的应用需求以及越来越多终端设备对网络的需求促使现有的 IPv4 类型 IP 地址呈现枯竭之势。相关调查机构的数据显示，全球可提供的 IPv4 地址大约有 40 亿个，估计在未来 5 年间将被分配完毕。而我国的情况更严峻，2017 年我国网民已突破 8000 万，截止到 2017 年年底，我国总共申请到的 IPv4 的地址为 6000 万左右。一些业内专家明确指出，若不解决 IP 地址问题，将会成为我国乃至世界 IT 业界以及其他相关行业发展的瓶颈。于是，IPv6 成了解决 IPv4 地址匮乏的关键。

现有互联网采用的 IPv4 协议最初设计是用于教育科研网和企业网，因此在协议的设计中很少关注网络的安全性，导致目前的互联网络自身的安全保护能力有限，许多应用系统处于不设防或很少设防的状态，存在着太多的安全隐患，并且情况日趋严重和复杂。目前的病毒早已不再是传统的病毒，而是混合了黑客攻击和病毒特征于一体的网络攻击行为。2003 年，系统漏洞问题首次大规模成为人们关注的焦点，目前，除微软的系统漏洞外，像某型路由器、数据库、Linux 操作系统、移动通信系统以及很多特定的应用系统中，均存在大量的漏洞，尤其是在关键应用系统中，如金融、电信、民航、电力等系统，漏洞一旦被黑客利用，造成的后果将不堪设想。

随着用户需求和业务的不断发展，互联网安全成为实现创新业务和赢利商业模式的前提。由于 IPv4 地址的短缺，无法实现端到端的安全性，解决的办法是采用网络地址转换（NAT）技术，或利用端口复用技术，或使用私有 IP 地址，以扩大公有 IP 地址的使用率。NAT 方式在原来的客户/服务器模式的应用上可以很好地使用，但新型应用越来越多地依赖于对等方式通信。此外，对于大量增长的终端等在线设备来说，端到端的寻址变得非常重要。由于 NAT 方式无法保证端到端通信，这就限制了很多新业务的开展，严重阻碍了互联网产业发展。因此，端到端的安全性是未来业务的基本特性，只有借助 IPv6 丰富的地址空间实现真正的端到端，才能保证下一代互联网多种新业务的开展和成熟商业模式的形成。

3.3.2　技术角度的防护措施

网络设备的漏洞防护主要需要从以下几大方面着手。

1. 设备自身的安全性

设备自身的安全性包括设备系统版本是否存在漏洞和硬件是否存在后门等。对于漏洞等技术上的问题，通常会有相应的解决方案，例如，通过关闭服务规避或升级软件修复漏洞等，但现实却是大量的设备使用方并没有及时采用这些方案和措施，因而导致网络设备被利用和攻击。

2. 设备配置安全

需考虑设备配置是否得当，其中设备的配置包括管理配置以及策略配置。

3. 账号口令设置及用户权限分配

修改默认管理员的账号和密码;根据自己的实际需求建立相应的用户账号,并只为之分配必要的权限,然后设置一个复杂的密码,并定期修改;修改默认的登录参数,以提高安全性。

4. 设备的访问控制

使用专用的管理口对设备进行管理,并配置只允许特定 IP 有访问设备管理 IP 的权限,尽量不向外网开放设备的访问权限。对于设备提供的 5 种管理方式"串口"、HTTP、HTTPS、SSH、Telnet,建议不要使用 HTTP 和 Telnet 方式对设备进行管理,原因在于这两种方式在传输用户名和密码时都是明文,很容易被恶意用户探测到。最后,需要修改默认的管理端口。

5. 将设备的日志发送到服务器

设备重启后,有些设备日志会被清空。为了更好地保存日志,建议将日志发送到专门的服务器保存。这样,在出现问题或发生安全事件后,可以方便地通过日志分析原因。

3.3.3　管理角度的防护措施

为了快速有效地提升网络设备防护,除了完善网络设备在安全管理方面存在的不足外,同时在一定程度上也需要规避技术上的缺陷,有效提升设备运行安全性。为降低网络设备的安全风险,针对漏洞、后门、DDoS 攻击等安全问题,实现动态、持续、有效防护,需要从防护意识、防护制度和安全配置等方面进行针对性的完善和提升,具体如下。

1) 增强网络设备安全防护意识是基础

针对网络设备的安全防护,首先要增强人们的安全防护意识,充分认识到网络设备的安全重要性。例如,设备使用方需要了解如果发生攻击事件,可能导致的严重后果是什么;可能的攻击路径有哪些,如何防范和监测;出现安全问题时如何快速响应。增强安全防护意识还要求设备使用方持续关注所用网络设备的安全威胁情报,出现新的漏洞时要及时跟进,了解临时防护措施,实现动态的、持续的安全防护。

2) 健全并实施合理的网络设备安全管理制度是关键

制定并实施合理的网络设备防护管理制度,是实现网络设备安全防护的有效手段。在设备使用方的防护管理制度中,不可忽视对网络设备的安全防护管理。例如,在人员方面,需要配置专业的管理人员,对相关人员定期进行安全意识和技能培训;在设备管理权限方面,严格限制配置修改权限,实现分级分权管理,具备差异化的口令要求以及口令严格保密要求等。

3) 持续保障配置安全是核心

网络设备的防护问题大部分源于安全配置的缺乏。网络设备的安全配置可重点从以下 4 个方面入手:一是配置严格的远程访问控制,限制访问路径;二是关闭无用的对外服务,遵循"最小够用"原则;三是配置日志审计和日志备份,实现有效审计和溯源;四是定期检查软件版本,及时修复已知漏洞,安全升级。

思 考 题

1. 常见的网络设备漏洞有哪些?
2. 常见的交换机漏洞有哪些? 各有什么特点?
3. 扫描器的重要性体现在哪些方面?
4. 常见的扫描技术包含哪些?
5. 从哪些方面可以对网络设备漏洞进行防护?

第 4 章 操作系统漏洞及其防范措施

操作系统(Operation System,OS)是管理和控制计算机硬件与软件资源的计算机程序,是用户和计算机的接口,同时也是计算机硬件和其他软件的接口。本章主要介绍操作系统的基础知识。通过本章的学习,达到理解操作系统的基本概念、操作系统常见的漏洞、操作系统漏洞的发展趋势、操作系统的安全扫描以及漏洞的防护等目标。

4.1 操作系统的基本概念

操作系统是直接运行在"裸机"上的最基本的系统软件,任何其他软件都必须在操作系统的支持下才能运行。

作为一个底层的系统软件,操作系统肩负诸如管理与配置内存、决定系统资源供需的优先次序、控制输入与输出设备、操作网络与管理文件系统等基本事务。操作系统是一个庞大的控制管理程序,包括进程与处理机管理、作业管理、存储管理、设备管理、文件管理。所有的操作系统都具有并发性、共享性、虚拟性和不确定性。

在信息系统的安全中,操作系统的安全至关重要,其安全职能是其他软件安全职能的根基。一方面,操作系统直接为用户数据提供各种保护机制,如实现用户数据之间的隔离;另一方面,为用户程序提供可靠的运行环境,保证应用程序的各种安全机制正常发挥作用,如禁止数据管理系统之外的应用程序直接操作数据库文件,以防数据库系统的安全保护机制被绕过。

在计算机网络环境中,整个网络的安全依赖于其中各主机系统的安全可信性。如果没有操作系统安全作为基础,就谈不上主机系统和网络的安全。因此,操作系统的安全是整个信息安全体系的基石。

4.2 操作系统的常见漏洞

4.2.1 Windows 系统的常见漏洞

Windows 操作系统以其操作方便、界面友好等特点深受全球用户的欢迎,是目前个人计算机上安装使用最多的操作系统。但其也被发现了大量的漏洞,其中相当部分可以被入侵者利用,进而控制系统。本节主要对这些常见漏洞的攻击原理进行简单介绍。

1. 权限许可和访问控制漏洞

Microsoft Windows 中的 Edge 存在提权漏洞,该漏洞源于程序没有正确地强制执行跨域策略。攻击者可利用该漏洞跨域访问信息、执行操作(更改权限、删除内容或向浏览器中注入恶意的内容),并将该信息注入其他域。以下版本容易受该漏洞的影响: Microsoft Windows 10、Windows 10 版本 1511、Windows 10 版本 1607、Windows 10 版本 1703、Windows 10 版本 1709、Windows Server 2016。

2. 信息泄漏漏洞

Microsoft Windows 中存在信息泄漏漏洞,该漏洞源于 its://协议处理器不必要地将流量发送到远程网站,决定请求区域。攻击者可利用该漏洞实施暴力破解攻击,获取相应的散列密码。

3. 远程代码执行漏洞

Microsoft Windows RPC 存在远程代码执行漏洞。由于远程访问服务处理请求方式不当,远程攻击者可利用漏洞执行任意代码。

4. 安全绕过漏洞

Microsoft Windows 中的 Device Guard 存在安全绕过漏洞,该漏洞源于程序未能正确地验证不可信的文件。攻击者可借助未签名的文件利用该漏洞执行恶意文件。

5. GDI 组件信息泄漏漏洞

Microsoft Windows 7 SP1 是一套个人计算机使用的操作系统。Windows Server 2008 SP2 和 R2 SP1 是服务器操作系统。GDI component 是其中的一个图形设备接口组件。Microsoft Windows 7 SP1、Windows Server 2008 SP2 和 R2 SP1 中的 GDI 组件存在信息泄漏漏洞,该漏洞源于程序未能正确地公布内核内存地址。本地攻击者可通过登录受影响的系统并运行特制的应用程序利用该漏洞获取信息。

6. Kernel API 权限提升漏洞

Kernel API 是 Windows 操作系统的内核 API。Microsoft Windows 中的 Kernel API 存在权限提升漏洞。攻击者可借助特制的应用程序利用该漏洞注入跨进程通信,中断系统功能。

7. Kernel 本地信息泄漏漏洞

Microsoft Windows 中的 Kernel 存在本地信息泄漏漏洞。攻击者可通过登录受影响的系统并运行特制的应用程序利用该漏洞检索信息,绕过地址空间布局随机化(ASLR)技术。

8. Server Message Block 权限提升漏洞

Server Message Block(SMB)Server 是 Windows 操作系统的一个为计算机提供身份验证、用以访问服务器上的打印机和文件系统的组件。Microsoft Windows 中的 SMB Server 存在权限提升漏洞。攻击者可通过登录系统并运行特制的应用程序,利用该漏洞绕过安全检查,控制受影响的系统。

9. 输入验证漏洞

Microsoft Windows 输入验证漏洞存在于多个版本的 Windows 系统中,远程攻击者可借助特制的.LINK 文件利用该漏洞执行任意代码。

10. WPAD 服务权限提升漏洞

Windows 默认开启的 WPAD 服务中存在权限提升漏洞,攻击者可利用该漏洞远程控制 Windows 系统,并且能够获取系统的最高权限。

攻击者首先需要伪造 NetBIOS 连接(即攻击者使用的终端伪装成 NetBIOS 可识别的目标),与目标网络或主机产生通信可能。通过伪装方式,只要支持建立 NetBIOS 通信,即使目标网络或主机处于局域网中,攻击者也有可能绕过防火墙和 NAT 设备,将网络流量通过互联网全部重定向到攻击者的计算机。可以预见的攻击场景有:攻击者将终端伪装成网络设备(例如,打印机服务器或文件服务器),即可监听未加密流量,也可以发起中间人攻击,如拦截和篡改 Windows 更新下载、向用户网络请求返回中植入恶意页面(URL);此外,攻击者还可通过 Edge、Internet Explorer、Microsoft Office 或 Windows 上的许多第三方软件利用该漏洞,也有可能通过其他类型网络服务或者通过本地端口驱动组件进行利用。综合业内各方研判情况,该漏洞影响版本范围跨度大、利用方式穿透绕过能力强,一旦漏洞细节披露,将造成极为广泛的攻击威胁,或可诱发 APT 攻击。

11. 快捷方式漏洞

快捷方式漏洞是 Windows Shell 框架中存在的一个危急安全漏洞。在 Shell32. dll 的解析过程中,会通过"快捷方式"的文件格式逐个解析:首先找到快捷方式指向的文件路径,接着找到快捷方式依赖的图标资源。这样,在 Windows 桌面和开始菜单上就可以看到各种图标,当点击这些快捷方式时,就会执行相应的应用程序。

微软 Lnk 漏洞就是攻击者利用系统解析的机制,恶意构造出一个特殊的快捷方式(Lnk)文件来骗操作系统。当 Shell32. dll 解析到这串编码的时候,会认为这个"快捷方式"依赖一个系统控件(dll 文件),于是将这个"系统控件"加载到内存中执行。如果这个"系统控件"是病毒,那么 Windows 在解析这个 Lnk 文件时,就把病毒激活了。该病毒很可能通过 USB 存储器进行传播。

12. SMB 协议漏洞

SMB 协议主要作为 Microsoft 网络的通信协议,用于在计算机间共享文件、打印机、串口等。当用户执行 SMB2 协议时,系统将会受到网络攻击,从而导致系统崩溃或重启。因此,只要故意发送一个错误的网络协议请求,Windows 7 系统就会出现页面错误,从而导致蓝屏或死机。

4.2.2　其他常见的操作系统漏洞

1. UNIX 操作系统漏洞

UNIX 系统因其性能稳定可靠,在金融、保险等行业得到广泛的应用。但是,目前 UNIX

系统仍有一些软件本身存在着安全隐患。本节探讨 UNIX 系统存在的漏洞,具体如下。

1) UNIX 系统与环境变量相关的安全漏洞

(1) IFS。

一种攻击的方法是通过输入域分隔符(Internal Field Seprator,IFS)Shell 变量实现的。该变量用于决定传给 Shell 的字符串分隔符。例如,一个程序调用函数 system()或 popen()执行一个命令,那么该命令首先由 Shell 分析。如果执行的用户可以控制 IFS 环境变量,可能会导致不可预测的结果。

(2) Home。

另一种环境攻击的方法是通过使用 Home 环境变量。通常,csh 和 ksh 在路径名称中用字符"～"代替该变量。因此,如果一个入侵者能改变该值,就能利用一个使用字符"～"作为 Home 命令的 Shell 文件破坏系统安全。

(3) Path。

用 Path 攻击的方法特征是利用 Path 环境变量文件路径的值和顺序。如果执行的命令不是以绝对路径方式执行,则不合理的路径顺序会导致意外的结果。

(4) Umask 值。

默认的文件保护掩码(Umask)的设置经常是不正确的。许多程序没有检查 Umask 的值,而且经常忘记指定新建文件的保护掩码值。即使该程序创建了一个文件,也容易忘记改变其保护模式而使之安全。入侵者可以利用这一点更改可写的文件。因此,在建立任何文件前,要先建立一个 Umask 值。

2) UNIX 系统源程序代码的漏洞

(1) 缓冲区溢出。

不好的编程习惯也会导致软件的安全漏洞。一个典型的利用该漏洞的例子是 Morris 蠕虫。该漏洞利用了系统调用 gets()在执行时不检查参数的长度,而 fgets()系统调用没有这个问题。上述漏洞使得在用户的控制下缓冲区会溢出,因此程序会出现不可预测的结果。另外,还有几个系统调用也存在同样的漏洞,它们是 scanf()、sscanf()、fscanf()和 sprintf()。

(2) 状态返回值。

另一个经常存在的漏洞是不检查每个系统调用的返回值。这意味着入侵者如果可以控制程序运行环境,就能调用一个失败的系统,而调用在用户程序中却认为是永远会正确对待的。这会使用户的程序出现不确定的结果。

(3) 捕捉信号。

在很多情况下,程序员编写的程序不捕捉它可以接收的信号,因此执行的结果会有异常情况。这允许一个入侵者设置其 Umask 为某个值,之后向一个特权(具有特殊用户权限)程序发送一个信号——该信号使特权程序产生 core 文件(有的系统不允许产生 core 文件)。此时,该 core 文件的所有者是执行该程序的 Uid,但是它的保护掩码是由 Umask 设置的。

3) 特洛伊木马

特洛伊木马与一般用户想要执行的程序从外观上看(如文件名)很相似,如编辑器、登录程序、游戏程序,而它实际上完成的是其他操作(如删除文件、窃取口令和格式化磁盘等)。

特洛伊木马可以出现在许多地方。它们可以出现在被编译过的程序中,也可以出现在由系统管理员执行的系统命令文件中。其他的特洛伊木马包括作为消息(如电子邮件或发给终端的消息)的一部分发送。具体而言,一些邮件头(Mail Header)允许用户退到外壳(Shell)并执行命令,该特性可以在邮件被阅读的时候被激活;给终端发送特定的消息能在终端上存储一个命令序列,然后该命令被执行,就好像从键盘上敲入一样;此外,编辑器初始化文件(如 vi 对应的.exrc 文件)也是经常存放特洛伊木马的地方。

不幸的是,特洛伊木马的攻击能力很强。入侵者经常以多种途径改变系统,以便在最初的攻击活动被发现后,还可以进入系统。为了找出特洛伊木马,必须搜索整个系统,这也使恢复一个被攻破的系统更加困难。

4) 网络监听和数据截取

计算机安全面临的一个威胁是计算机之间传输的数据很容易被截取到。过去在大型主机时代,这不是威胁,因为在这种系统上数据传输是处于系统控制之下的。但由于异构系统互联,敏感数据的传输会处于系统的控制之外。有许多现成的软件可以监视网络上传输的数据。特别脆弱的是总线型网络(如以太网),这种网络上发送给每个特定机器的数据可以被网络通路上的任何机器截取到。

这意味着任意数据都可以被截取并用于不同的目的。这里不仅包括敏感数据,还包括协议交换(如登录顺序、口令)。数据截取并不一定要从网络本身截取。通过在网络软件上或应用程序上安装特洛伊木马,也能截取数据并保存到磁盘上以备后用。

2. Linux 操作系统漏洞

Linux 是一个自由、开放的操作系统软件,其设计目标和特点导致 Linux 在安全方面存在一些不足、漏洞和后门。

(1) 文件操作漏洞。

进行管理的文件操作划分为读、写、执行 3 种,其他操作不包括在内。许多系统文档一旦可写,就可以被任意修改。Linux 系统中有许多重要文件,如/bin/login,如果入侵者修改该文件,那么他再次登录时就不会遇到阻碍。

(2) 本地拒绝服务漏洞。

Linux kernel 4.14.13 及之前版本中的 net/rds/rdma.c 文件的 rds_cmsg_atomic 函数存在本地拒绝服务漏洞,该漏洞源于程序未能正确处理页面锁定失败和提供无效地址的情况。攻击者可利用该漏洞造成拒绝服务(空指针逆向引用)。

同时,rds_message_alloc_sgs()参数也存在本地拒绝服务漏洞,该漏洞源于程序未能验证 DMA 页面分配过程中使用的值。

(3) Kernel 信息泄漏漏洞。

Linux Kernel 是 Linux 操作系统的内核。其 3.3-rc1 及更高版本在实现上存在信息泄漏漏洞,攻击者可利用此漏洞绕过 KASLR 安全限制。

(4) Bash 漏洞。

Bash 是用于控制 Linux 计算机命令提示符的软件。攻击者只要直接剪切和粘贴一行软件代码,就可以利用 Bash 漏洞对目标计算机系统进行完全控制。

(5) 进程终止后,其运行时使用的内存等资源未能重置或清空,可能造成泄密。

(6) 未标识的隐蔽存储信道存在,成为入侵系统或截获机密信息的薄弱环节。

(7) 对用户的初始登录和鉴别,未能提供可信通信路径传输用户数据,导致鉴别用户身份的数据(如密码)泄漏。

(8) 内核无线扩展内存泄漏漏洞。

系统内核可以轻易插入模块。系统内核允许插入模块能使用户扩展 Linux 操作系统的功能,使 Linux 系统更加模块化,同时这也是十分危险的。模块插入内核后,就成为内核的一部分,从而使内核存在安全漏洞,允许本地用户获得敏感信息。该漏洞是由于无线驱动会复制超过用户空间所需的内核堆内存数量到用户空间,发送特殊构建的 SIOCGIWESSID IOCTL 请求,本地攻击者可以利用漏洞获得内核敏感信息。

(9) 进程不受保护。有些进程非常重要,如 VJEB 服务器守护进程,但是并没有得到系统的严格保护,容易遭到破坏。

(10) 缺乏有效的审计机制,无法跟踪记录各种违规操作和破坏。

4.3 操作系统漏洞的发展趋势

根据应用领域,操作系统可以分为桌面操作系统、服务器操作系统、移动操作系统、主机操作系统和嵌入式操作系统等。根据 CNNVD 历年统计数据,操作系统漏洞多集中于前 3 类。2016 年,CNNVD 新增操作系统漏洞数量为 2653 个,比 2015 年的 1788 个增长了 48.38%。Windows 系列、Mac OS 系列、Android、Linux、Windows Server 和 iOS 系统等主流操作系统漏洞数量占操作系统漏洞总数的 70% 以上。其中,Windows 系列漏洞数量最多,为 568 个,是 2015 年新增漏洞数量的 3 倍多;Android 操作系统漏洞增速最快,与 2015 年相比,2016 年新增漏洞数量增幅超过 500%。

下面主要针对近 5 年主流操作系统漏洞数量增长情况、主流操作系统和部分具体版本操作系统漏洞分布情况,以及针对主流操作系统漏洞研究的趋势进行统计和分析。其中,桌面操作系统主要包含 Windows 系列(Windows XP、Windows Vista、Windows 7、Windows 8、Windows 10 等)、Mac OS X 和 Linux(Ubuntu、Redhat、Fedora 等);服务器操作系统主要包含 Windows Server 系列(Windows Sever 2003、Windows Sever 2008)、Linux、UNIX(Solaris、AIX、HP-UX 等)和 Netware;移动操作系统主要包含 iOS、Android、Windows Phone、Symbian 等。

1. 主流操作系统漏洞年度趋势

2012—2016 年主流操作系统漏洞统计如图 4-1 所示。2012 年以来,操作系统漏洞整体呈上升趋势。2012 年,操作系统漏洞为 599 个;2013 年跃升至 1057 个,是 2012 年的近 2 倍,2014 年趋势平稳,为 1033 个;2015 年又增至 1788 个;2016 年突增至 2653 个,达到历年来最大值。随着 Windows 10 的进一步推广,以及 Mac OS X 和 iOS 在企业用户市场占有率的不断提升,2017 年操作系统漏洞仍持续增长。

图 4-1　2012—2016 年主流操作系统漏洞统计

2. 主流操作系统漏洞分布统计

2016 年主流操作系统漏洞数量统计见表 4-1。

表 4-1　2016 年主流操作系统漏洞数量统计

序　号	操作系统名称	类　型	漏洞数量	所占比例
1	Windows 系列	桌面操作系统	568	21.41%
2	Mac OS 系列	桌面操作系统	555	20.92%
3	Android	移动操作系统	512	19.30%
4	Linux	服务器操作系统	246	9.27%
5	Windows Server 系列	服务器操作系统	175	6.60%
6	iOS	移动操作系统	162	6.11%

1) 桌面操作系统方面

Windows 7、Windows 8.1、Windows 10、Mac OS X 是全球市场占有率最高的四大桌面操作系统。随着 Windows 10 的发布和推广,Windows 10 系统的市场占有率持续增长,对于 Windows 操作系统关注的提升,导致 2016 年 Windows 漏洞数量大幅增长,达到 568 个,占主流操作系统漏洞总量的 21.41%,是 2015 年的 3 倍多;Mac OS X 漏洞数量增长也很显著,达到 555 个,比 2015 年多了 196 个,占主流操作系统漏洞总量的 20.92%。

2) 移动操作系统方面

iOS 和 Android 系统占据了大部分市场份额,移动操作系统漏洞主要是 iOS 和 Android 系统的漏洞。随着对移动操作系统进行漏洞分析和挖掘的人员逐渐增多,iOS 和 Android 系统的漏洞数量明显增长,Android 系统漏洞达到 512 个,是 2015 年的 5 倍多,占主流操作系统漏洞总量的 19.30%。

3）服务器操作系统方面

服务器操作系统方面主要由 Windows Server 系列和 Linux 系统主导。2016 年,Windows Server 系列漏洞只比 2015 年增加了 4 个,而 Linux 系统漏洞数量明显增加,同比增加了一倍多。

2012—2016 年主流品牌操作系统漏洞数量年度分布如图 4-2 所示。2012 年,iOS 全球市场总份额大幅上升至 65%,iOS 成为安全研究的热点,被发现的 iOS 漏洞数量也迅速增多,达到 112 个,超过 Linux 排名第一,这也表明安全研究人员开始关注移动平台。2013 年,Linux 漏洞数量再次上升至第一名,达到 179 个,Windows 系列和 Windows Sever 系列也分别上升至 111 个和 108 个,是 2012 年的近 2 倍,而 iOS 漏洞数量有所减少,为 90 个,并在 2014 年持续减少。2014 年,除 Mac OS X、iOS 和 Android 外,所有操作系统漏洞数量均出现不同程度的减少。2015 年,除 Linux 外,所有操作系统漏洞数量都呈现出明显上升趋势。2016 年,除 iOS 系统漏洞数量明显减少和 Windows Server 系列系统漏洞基本持平外,所有操作系统漏洞数量增长显著。

2012—2014 年,Windows Server 系列和 Linux 漏洞数量及波动情况基本相同,2015 年,Windows Server 系列漏洞数量增多,是 2014 年的 4 倍多,而 Linux 的漏洞数量持续下降,达到近年最低值 101 个。

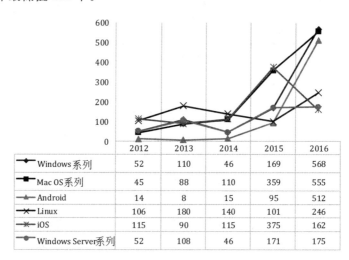

图 4-2　2012—2016 年主流品牌操作系统漏洞数量年度分布

2012—2016 年各类操作系统漏洞数量统计如图 4-3 所示。桌面操作系统和移动操作系统整体呈上升趋势。2014 年前,桌面操作系统和服务器操作系统漏洞数量和波动基本相近,平均数量约为 200 个,桌面操作系统漏洞数量在 2015 年增长较为明显,而服务器操作系统整体趋势较为平缓,未出现较明显的波动,移动操作系统漏洞自 2013 年开始增长,2015 年出现大幅度的上升趋势。可见,2015 年以后关注的重点主要是桌面操作系统和移动操作系统。

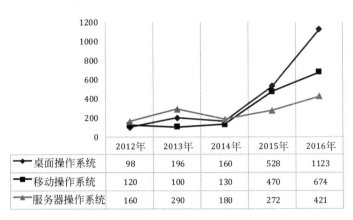

	2012年	2013年	2014年	2015年	2016年
桌面操作系统	98	196	160	528	1123
移动操作系统	120	100	130	470	674
服务器操作系统	160	290	180	272	421

图 4-3　2012—2016 年各类操作系统漏洞数量统计

4.4　操作系统安全扫描

安全扫描技术也称为脆弱性评估(vulnerability assessment),其基本原理是采用模拟黑客攻击的方式对目标可能存在的已知安全漏洞进行逐项检测,可以对工作站、服务器、交换机、数据库等各种对象进行安全漏洞检测。

安全扫描技术主要分为两类:基于主机和基于网络的安全扫描技术。本节主要介绍基于主机的安全扫描技术。

1. ping 扫描

ping 扫描用于漏洞扫描的第一阶段,使用多数操作系统自带的工具 ping,用法为ping+目标 IP 地址。通过是否能收到对方的 ICMPechoreply,帮助识别目标主机或系统是否处于活动状态。不过,目前部分主机或系统为安全性考虑,其防火墙会把 ICMP 包屏蔽掉,导致 ping 扫描失效。在这种情况下,可以采用 ICMPErrorSweep 方法发送一个畸形的 IP 数据包,迫使目标主机回应一个 ICMP 出错信息包,判断目标主机是否在线。

2. 操作系统探测技术

目前,识别操作系统的方式有很多,但其原理都是将目的主机对某些探测数据包的响应和已知的操作系统指纹库进行匹配识别进行的。相同的协议栈(TCP/IP),不同的操作系统实现的方式不同,导致对特定格式的数据包有不同的响应,这种响应差异成为操作系统栈指纹。首先,通过采样不同操作系统对各种探测数据包的响应建立操作系统的指纹识别库。扫描时,向目标主机发送探测数据包,将其响应数据包和指纹数据库进行匹配,从而识别操作系统的类型。目前,根据探测数据包的构造方式不同,比较流行的操作系统探测技术有以下 3 种。

1) TCP/IP 协议栈的指纹探测技术

TCP/IP 协议栈的指纹探测技术是利用各种操作系统在实现 TCP/IP 协议栈时存在的一些细微差别,通过探测这些细微的差异,确定目标主机的操作系统类型。主动协议栈指纹技术和被动协议栈指纹技术是目前探测主机操作系统类型的主要方式。

（1）主动协议栈指纹技术。

该技术主要是主动且有目的地向目标系统发送探测数据包，通过提取和分析响应数据包的特征信息，判断目标主机的操作系统信息，主要有 Fin 探测分组、假标志位探测、ISN 采样探测、TCP 初始化窗口、ICMP 信息引用、服务类型以及 TCP 选项等。

（2）被动协议栈指纹技术。

该技术主要是通过被动地捕获远程主机发送的数据包分析远程主机的操作系统类型及版本信息，它比主动方式更隐秘，一般可以从 4 个方面着手：生存期（TTL）、滑动窗口大小（WS）、分片允许位（DF）和服务类型（TOS）。捕捉到一个数据包后，通过综合分析上述 4 个要素，就能基本确定一个操作系统的类型。

2）基于 RTO 采样的指纹识别

TCP 通过对传输数据进行确认实现可靠的数据传输。然而，在实际网络环境中，传输的数据和确认都可能发生丢失。TCP 在传输数据时会设置一个重发定时器，当定时器溢出后，还没有收到确认，就进行数据的重传。该重发定时器的时间间隔就被称为 RTO（retransmission timeout）。

不同操作系统在计算 RTO 时使用的方法是不同的。因此，可以利用这一点实现对远程主机操作系统的探测。首先，向目标主机选定的开放端口发送 TCP SYN 包；然后，使用堵塞模块阻止目标端口响应的 SYN/ACK 包到达扫描主机，迫使目标主机不断超时重发 SYN/ACK 包，得到每次的超时重传时间，再和数据库中的特征进行匹配，计算识别出操作系统类型。

该方法的优点是：只得到目标主机的一个开放的端口，就可以对操作系统进行准确识别。同时，不会在网络中产生较多畸形的数据包，不会对目标主机产生较多不良影响。但是，由于需要等待目标主机的大量超时重传，所以会花费较多的扫描时间。

3）基于 ICMP 响应的指纹辨识

ICMP 是 TCP/IP 协议族的一个子协议，用于在主机与路由器之间传递控制信息，包括报告错误、交换受限控制和状态信息等。当遇到 IP 数据无法访问目标、IP 路由器无法按当前的传输速率转发数据包等情况时，会自动发送 ICMP 消息。

ICMP 报文总体上分为两种：ICMP 查询报文和 ICMP 差错报文。利用 ICMP 进行操作系统探测的方式主要有两种：一种是可以向目标主机发送多种类型的查询报文捕获响应数据包进行分析；另一种是 TCP/IP 数据包使目标主机触发差错报文，从响应的差别中对操作系统进行辨识。由于只发送 ICMP 数据包，所以基于 ICMP 响应的指纹识别算法速度很快，并且不会对目标主机产生不良影响。另外，由于匹配算法得以改进，操作系统签名数据库容易建立和更新。但是，这种方法的缺点是探测技术单一，只依赖一种类型的数据包，稳定性不足，难以进行技术上的更新。

3. 端口扫描技术

一个开放的端口就是一个潜在的通信通道，也就是一个入侵的通道。对目标计算机进行端口扫描，可以得到许多有用的信息，如开放端口以及其提供的服务等。端口扫描是向目标主机的 TCP 或 UDP 端口发送探测数据包,记录目标主机的响应,然后通过分析响应数据包判断端口是否开放以及所提供的服务或信息,有助于主机安全隐患的发现。它为系统用户管理网络提供了一种手段,同时也为网络攻击提供了必要的信息。端口扫描的分类如图 4-4 所示。

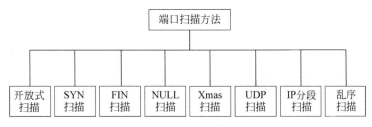

图 4-4　端口扫描的分类

1) 全 TCP 扫描

扫描主机调用网络 API 函数 connect( )向目标主机发起连接,根据 connect( )连接情况的返回值判断目标主机监听端口的开放情况。若目标主机接受扫描主机的连接请求,则监听端口处于开放状态;若目标主机拒绝扫描主机的连接请求,则监听端口处于关闭状态。该方法的方便之处在于不需要超级用户权限,任何希望管理端口服务的人员都可以使用,但它通常会在目标主机上留下扫描记录,易被管理员发现。

2) 半打开式扫描(SYN 扫描)

扫描程序向目标主机端口发送一个 SYN 数据包,一个 SYN/ACK 的返回信息表示端口处于监听状态,而一个 RST 的返回信息则表示端口处于关闭状态。由于它建立的是不完全连接,所以大大降低了被目标计算机记录的可能性,并且加快了扫描的速度,但构造 SYN 数据包必须要有超级用户权限。半打开式扫描原理如图 4-5 所示。

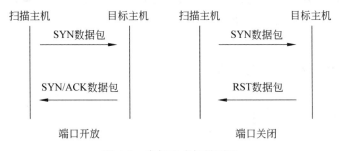

图 4-5　半打开式扫描原理

3) 秘密扫描

根据发送探测数据包的不同,秘密扫描又被分为 TCP FIN 扫描、TCP Null 扫描、TCP Xmas 扫描、TCP ACK 扫描、TCP SYN/ACK 扫描等。在 TCP FIN 扫描中,扫描主机发送的数据包中的 FIN 位被置位,若目标端口是打开的,则探测数据包被简单丢掉(因为,此数据包不是建立正常 TCP 连接的三次握手所使用的数据包,对端口而言没有意义),反之,探测数据包被丢掉,同时返回 RST 数据包。其他几种秘密扫描技术的原理基本相似。

4）UDP ICMP 不可达扫描

事实上，互联网上运行在 UDP 端口上的服务也有很多。UDP ICMP 扫描向 UDP 端口发送 UDP 探测包，若目标端口是关闭的，则返回 ICMP 端口不可达数据包。若经过多次重发，扫描主机仍然没有收到目标端口响应数据包，则说明目标端口很可能是开放的（通常，开放的 UDP 端口对 UDP 探测数据包不做任何响应）。但是，因为 UDP 是非连接的，数据传输的不可靠性更大，经常需要重传数据包，所以会影响扫描的速度和准确性。

4.5 操作系统的漏洞防护

如果操作系统漏洞被恶意的攻击者利用，就会造成信息泄漏，系统的安全性、可用性就会遭到破坏。漏洞使系统非常危险，可以使攻击者或病毒很容易取得系统最高权限，然后对被控制者进行各种破坏，让系统无法正常工作，甚至对一些分区进行格式化操作，盗取用户的各种账号密码等。利用从网上下载的公开代码对未打补丁的系统进行攻击。所以，为了防止各种攻击，必须对系统进行安全设置。操作系统的安全设置是整个操作系统安全策略的核心，其目的是从系统根源构筑安全防护体系，通过用户和密码管理、共享设置、端口管理和过滤、系统服务管理、本地安全策略、外部工具使用等手段，形成一整套有效的系统安全策略。

4.5.1 Windows 系统的漏洞防护

1. 更新补丁

操作系统都存在漏洞，要想保障系统的安全，必须及时更新补丁。经常给计算机打补丁是保护计算机中数据的一个好习惯，很多病毒都是通过 Windows 操作系统的漏洞进行攻击，从而破坏计算机中的正常使用，给用户造成不可估量的损失。补丁是修复瑕疵以及安全漏洞的一个有效措施。

2. 设置系统盘格式为 NTFS

安装 Windows 时，应选择自定义安装，仅选择必需的系统组件和服务。选择 Windows 文件系统时，应选择 NTFS 文件系统，充分利用 NTFS 文件系统的安全性。NTFS 格式比 FAT/FAT32 格式安全得多，FAT/FAT32 较 NTFS 格式缺少了安全控制功能，不能对不同的文件夹设置不同的访问权限，使系统失去访问保护措施。

NTFS 文件系统可以将每个用户允许读写的文件限制在磁盘目录下的任何一个文件夹内。右击文件夹，选择"属性"，在文件夹属性的"安全"标签里设置哪些用户可以访问，以及访问的用户或用户组的权限。

3. 加强用户账号和密码管理

由于系统安装后就存在 Administrator 超级用户，而且是没有密码的，很多用户都没有或者根本不知道为其设置密码，因此入侵者就可以利用这一点，使用超级用户登录对方计算机，而且连密码都不需要。因此，首先要禁用 Guest 账号，将 Guest 来宾账户禁用，同时将 Administrator 用户名称进行更改并设置密码,使用安全密码,并要注意经常更改密码,密码长度一般为 10 位左右,并且要包含字母、数字和特殊符号。平时要使用屏幕保护密码。

4. 充分使用安全策略功能

Windows 操作系统对系统的安全性做了很多设置,但是在系统安装初期,有些设置的默认值常常被攻击者利用,所以对系统进行安全策略的设置是系统加固的必要步骤。

5. 关闭不必要的服务

为了方便用户,Windows 操作系统对用户提供了非常丰富的功能,但是对于很多非专业的个人用户而言,很多功能和服务是不需要的,但是这些功能和服务却打开了入侵系统的后门。因此,根据自己系统的需要,把无须使用和有危险性的服务都关闭,可降低计算机被攻击的可能性。

除非特别需要,否则一般情况下需要禁用以下服务:Alert、Clipbook、Computer Browse、DHCP Client、Messenger、Netlogon、Network DDE、TCP/IP NetBIOS Helper Service、Workststion 等。

Messenger:信使服务。此服务可以自动接收从网络上传来的信息。建议停止服务,并将启动类型改为手动。

Netlogon:此服务用于在局域网上验证登录信息的选项、登录域名控制。建议停止服务,并将启动类型改为手动。

TCP/IP NetBIOS Helper Service:在 TCP/IP 上提供 NetBIOS 支持,会被局域网中被感染病毒的计算机或攻击者利用。建议停止服务,并将启动类型改为已禁用。

6. 端口的管理和过滤

端口是计算机的第一道屏障,端口配置是否合理直接影响到计算机的安全,用端口扫描器扫描系统开放的端口,可以发现开放的某些不必要的端口是黑客入侵系统的首要通道,许多网络蠕虫病毒也是利用一些不必要的端口进行传播的。

端口是网络数据交换的出入口,做好端口的管理和过滤,对系统的安全性有极为重要的帮助。但是,如果对端口了解不充分,不要轻易进行过滤,不然可能会导致一些程序无法使用。

7. 禁止空连接

Windows 的默认安装允许任何用户通过空用户得到系统的所有账号和共享列表,任何一个远程用户都可以通过此方法得到目标主机的用户列表,并破坏网络。因此,需要通过修改注册表禁止空连接。

8. 关闭默认共享

Windows 安装好以后,系统会创建一些隐藏的共享,通过"计算机名或 IP 地址、盘符"可以访问,这为系统攻击者提供了便利的途径。可以通过修改注册表彻底禁止这些共享。

9. 安装必要的防护软件

任何一个操作系统都不可能做到防御所有攻击。在做好操作系统自身安全防护的前提下，安装必要的防护软件是对系统安全的重要保障。为系统安装高性能的杀毒软件和木马查杀软件是必要的，同时一定要注意及时更新病毒库，保证对最新的病毒和木马的查杀能力。另外，安装网络防火墙也是一种很好的防护举措。打开防火墙后，计算机将不响应 ping 命令，并禁止外部程序对本机进行端口扫描，另外还会自动记录所有发出或收到的数据包的 IP 地址、端口号、服务以及其他一些信息，可以有效地减少外部攻击的威胁。

4.5.2 其他常见系统的漏洞防护

1. UNIX 操作系统的漏洞防护

（1）超级用户问题及对策。

UNIX 系统中包含了一系列的合法用户（超级用户、系统默认用户和普通用户），每个用户账号的有关信息记载于/etc/passwd 和/etc/shadow 文件中。所有账号中最重要的账号就是超级用户 root。超级用户能控制整个 UNIX 系统资源，几乎所有的安全控制都可以被超级用户运行的程序绕过，并且大多数审核和警告都被关闭，正因为超级用户处在权力大、监督少的环境中，一旦有人取得超级用户特权后，系统就会受到很大的威胁。因此，超级用户应注意以下两点。

① 不同的工作在不同用户下进行。

系统管理员只在系统维护时进入超级用户，操作完毕后应及时从该用户中退出。系统管理员除拥有 root 账户外，还应有一个普通工作账号，系统维护以外的工作应在普通用户状态下完成，以免一些不经意的事务损害系统。

② 限制 root 账号的登录点（终端）。

限制超级用户的注册，用户只有在主控台上才能从 login：状态用 root 登录。其他终端必须先进入普通用户，然后从普通用户中用 $ su-命令进入超级用户，以便系统跟踪。

（2）文件读写权限。

文件读写权限是 UNIX 系统中控制用户使用文件的一个基本方法，拥有不同存取权的用户可以对文件做不同的操作。如果文件授权设置不当，可能引起系统安全问题。文件授权要注意以下两点。

① 正确理解授权类型对用户的制约。

② 授予不同用户组、不同用户合适的权限。

（3）保护下面的系统命令和系统配置文件，以防止入侵者替换，从而获得修改系统的权利。

① /bin/ login。

② /usr/ etc/ in. * 文件（如 in. telnetd）。

③ inetd 超级守护进程（监听端口，等待请求，派生相应服务器进程）唤醒的服务。

④ 不允许 root 用户使用 netstat、ps、ifconfig、su。

（4）系统管理员定期观察系统的变化。

① ♯ls -lac 查看文件真正的修改时间。

② ♯cmp file1 file2 比较文件大小的变化。

（5）严格账号管理。

系统中的每一个账号（root、系统默认账号和普通用户账号）都是一个通往外界的门。如果账号管理不严格，入侵者就可以从这些用户账号进入 UNIX 系统。

账号管理中要注意的问题主要有以下 4 个方面。

① 禁止没有口令的账号。

② 限制用户账号的登录终端，防止其他人从网络上用该账号登录系统。

③ 利用系统管理工具 scoadmin 锁住多次注册不成功的账号。

④ 退出系统中长时间不工作的用户。

（6）加强对终端端口限制管理。

① 增加端口口令，限制远程登录。远程登录包括通过 MODEM 拨号、DDN 专线访问服务器和通过终端服务器、集线器等登录到系统。通常登录的端口是不固定的。因此，必须先执行固定通信服务器端口设置程序，此程序由通信服务器生产厂家随产品一起提供。通过在这些设备端口上增加拨入口令限制远程登录。

② 限定用户在指定的端口和规定的时间内登录。出于安全考虑，往往要求某些端口只能让某些用户在指定时间内注册，当用户注册登录到 UNIX 操作系统时，必须执行系统文件/ etc/profile，对这一文件进行修改，让系统读取用户名、端口名、每周工作日期、每天上班时间、每天下班时间。然后依此文件审查用户注册登录合法性，端口名不在此文件中不受限制，端口名在此文件中但用户名不正确不许登录，用户名和端口名皆正确但工作时间不在规定范围内不许登录。

③ 用户注册登录时立即运行业务处理程序，退出业务处理程序时也退出/bin/ sh。用户注册登录时系统访问了用户根目录下的 $ HOME/. profile，为了使用户合法注册登录后即进入运行业务处理程序，处理完成退出业务处理程序的同时退出注册登录状态，可以对 $ HOME/. profile 做以下修改。

① 以用户名注册登录。

② 在 $ HOME/. profile 文件最后加入两行命令：

```
sh 业务处理程序启动文件名
exit
```

③ 当用户退出业务处理程序时，也退至 login：状态。

（7）确认系统中有最新的 sendmail 守护程序，因为旧版本的 sendmail 守护程序允许其他 UNIX 用户远程运行一些非法的命令。

（8）系统管理员应能从用户的计算机操作系统生产商那里获得安全补丁程序。

2. Linux 操作系统的漏洞防护

1）用户管理与口令管理

用户管理指对用户访问系统资源进行控制，允许或禁止其访问某些资源。用户对资源的访问,主要是指访问某些目录、文件,运行某些程序。这可用权限管理的办法解决,不过限制的是普通用户,而非超级用户。这里提出如下设置原则。

① 有关系统安全、设置方面的文件/目录,除非必要,一般不让普通用户访问。

② 普通用户自己的文件/目录应根据实际情况设置:一般情况下,重要的只让自身访问,共享的可让其他人有一定程度的访问权限,如只能读不能写、只能执行等。

③ 设置用户创建文件/目录时的初始权限。

④ 每个用户都应有自己的工作目录,不要互相混用,以免出现混淆。

口令更是保密的关键。每个用户都有自己的口令,应该绝对保密,否则一旦泄漏,尤其是超级用户,会对系统构成严重威胁。破获超级用户口令的人可以对系统做任何操作,而不受限制。由此可见,加强口令的管理尤其重要。因此,尽量做到:定期更换口令;不要使用弱口令;键入口令时,注意周围环境;尽量不向他人泄漏口令。

2)系统的安全管理工作

谨慎设置 Linux 的各项系统功能,并且加上必要的安全措施,主要由超级用户完成。从安全使用与管理的角度说,主要是指限制或允许哪些用户、哪些主机可以访问本系统的资源。目的是为了防止非授权的访问,以提高安全性。这方面的方法有很多,如删除非法用户,限制可疑用户登录,限制网上其他主机的访问等。一般来说,对 Linux 系统的安全设定包括取消不必要的服务、限制远程存取、隐藏重要资料、修补安全漏洞、采用安全工具以及经常性的安全检查等。

(1)限制重要目录和文件的权限。

对 Linux 操作系统的关键目录及文件进行权限限制,对 etc、bin、dev、sbin 等关键目录取消普通用户读写权限,对/etc/passwd、/etc/inetd. conf、/etc/services 等关键文件设置不可修改属性,防止未经许可添加或者删除用户或服务。对普通用户的 home 目录权限分开管理,避免没有授权的访问,防止旁注攻击。

(2)关闭非必要的网络服务。

编辑/etc/rc. d 目录下相应启动级别的服务启动文件,关闭多余服务。或者通过chkconfig 命令对系统服务进行配置,仅开放业务应用系统需要对外开放的网络服务。如无实际业务需要,可关闭 isdn、portmap、sendmail、nefts、vsftp 等默认开启的不安全的系统服务。

3)及时下载补丁与更新内核

在 Internet 上常常有最新的安全修补程序,Linux 系统管理员应该消息灵通,经常光顾安全新闻组,查阅新的修补程序。一般情况下,用户可以通过 Linux 的一些权威网站和论坛尽快获取有关该系统的一些新技术以及一些新的系统漏洞的信息,做到防患于未然,及时更新系统的最新内核以及打上安全补丁,这样能较好地保证 Linux 系统的安全。

内核是 Linux 操作系统的核心,它常驻内存,用于加载操作系统的其他部分,并实现操作系统的基本功能。由于内核控制计算机和网络的各种功能,因此,它的安全性对整个系统安全至关重要。

4)完整的日志管理

日志文件时刻记录着系统的运行情况,因此要限制对日志文件的访问,禁止一般权限的用户查看日志文件。另外,还可以创建一台服务器专门存放日志文件,通过检查日志可发现存在的安全问题。

5)增强 openssh 服务安全配置

通常使用的网络传输程序 FTP 和 Telent 非常不安全,因为它们在网络上用明文传送口令和数据,黑客利用嗅探器非常容易截获这些口令和数据。而 Openssh 是 Linux 操作系统主流的远程登录软件,系统管理员通过 ssh 协议远程登录主机,对系统进行维护和配置,因此对该服务的安全管控至关重要。通过编辑配置文件/etc/ssh/sshd_config,可以修改 ssh 协议的默认使用端口为其他自定义端口,禁用超级用户 root 远程登录,并设置口令最大尝试次数,防止暴力破解用户口令。

6)增强安全防护工具

系统自身的增强毕竟存在很大的局限性,因此,增强安全防护工具尤为重要。Linux系统主机多采用安全壳(Secure Shell,SSH)方式以及公开密钥技术对网络上两台主机之间的通信信息进行加密,并且用其密钥充当身份验证的工具,因此可以安全地被用来取代rlogin、rsh 和 rcp 等公用程序的一套程序组。由于 SSH 将网络上的信息加密,因此它可用来安全地登录到远程主机上,并且在两台主机之间安全地传送信息。实际上,SSH 不仅可以保障 Linux 主机之间的安全通信,Windows 用户也可以通过 SSH 安全地连接到Linux 服务器上。

思　考　题

1. 请概述操作系统的定义。
2. 操作系统常见的漏洞有哪些?
3. 为什么要对操作系统进行安全扫描?
4. 请简述操作系统安全扫描的方法。
5. 如何防护操作系统?

第 5 章 数据库系统漏洞及其防范措施

本章将重点介绍数据库系统的漏洞以及其防范措施,包括常见的数据库漏洞类型和漏洞成因、数据库漏洞扫描的方法和技术,以及数据库漏洞的处理方式和安全防护体系。

5.1 数据库常见漏洞

5.1.1 数据库漏洞类型

数据库软件常常十分复杂,包含了大量的逻辑,数据库设计开发人员在设计和开发这些逻辑的过程中难免出现疏忽或遗漏,导致数据库存在大量的安全漏洞,使得攻击者能够成功攻陷数据库。典型的数据库入侵方式有数据库端 SQL 注入、提权、缓冲区溢出等。

本文所说的数据库漏洞范围相对较窄,只涉及数据库本身的漏洞,不涉及应用和数据库之间的安全漏洞。该范围内的数据库漏洞可以划分为两类:数据库软件漏洞和应用程序逻辑漏洞。其中,应用程序逻辑漏洞虽然出现在应用程序上,但最终入侵的是数据库,SQL 注入就是此类漏洞的代表。

数据库软件主要包含 3 个主要组件:网络监听组件、关系型数据库管理系统和 SQL 编程组件。网络监听组件一般是数据库通信的中心,其不仅负责接收网络请求,还要进行数据库访客身份的验证。关系型数据库管理系统主要用来保障整个数据库能够高效、有序地运行。SQL 编程组件主要带给数据库一定的 SQL 扩展能力,如 Oracle 的 PL/SQL。PL/SQL 是把数据操作和查询语句组织在 PL/SQL 代码的过程性单元中,通过逻辑判断、循环等操作实现复杂的功能或者计算的程序语言,该编程组件可以实现存储过程、创建自定义函数、实现触发器和以外部库的方式调用 C 和 Java 函数等功能。

这 3 个组件是数据库的核心,同时也是数据库最易受到安全威胁的部分。根据数据库被入侵的方式来分,可以将数据库漏洞分为以下 4 种。

1. 网络攻击的安全问题

网络监听组件不仅定义了数据库和客户端之间的通信协议,更负责对客户端进行身份验证(确认客户端用于通信的用户名和密码是否合法)。所有数据库平台都包含至少一个网络监听组件,该组件可以是一个独立的可执行文件(如 Oracle),也可以是主数据库引擎进程的一部分(如微软的 SQL Server)。网络监听组件的漏洞主要包括以下 3 类。

网络监听组件被触发缓冲区重写,导致数据库服务器无法响应客户端,造成双方通信失败。简单说,就是使网络监听组件崩溃,漏洞 CVE-2007-5507 就是这种类型的代表。

绕过网络监听组件身份验证,获得合法数据库账号和密码。这个类型主要有 3 种方式:其一,通过劫持网络监听组件信息,把数据库的登录信息劫持到攻击者机器,获取敏感信息,甚至获取数据库管理员账号密码;其二,直接对在网络监听组件中加密的数据库登录密钥进行破解;其三,在远程登录过程中对数据库服务器进行 SQL 注入,利用某些特殊函数创建新的数据库账号,并为新账号创建 DBA 权限。

通过向网络监听组件发送含有异常数据的包,触发缓冲区溢出,夺取数据库所在操作系统控制权限。

另外,数据库的网络监听组件被攻击的可能性与其协议的复杂性成正比,通信协议越复杂,被攻击的可能性越高。TNS Listener 是 Oracle 的网络监听组件,截至目前已被发现至少有 20 个漏洞,且其带来的危害都比较大,如 CVE-2002-0965、CVE-2002-0965、CVE-2007-5507、CVE-2012-0072 都是可以直接夺取操作系统权限的缓冲区漏洞。

2. 数据库引擎的安全问题

数据库引擎囊括了能够保证数据库高效平稳运行所需的多种不同处理逻辑和过程,复杂度很高;同时,它还包含了实现与用户交互的大量部件,包括语法分析器和优化器,以及可以让用户创建程序在数据库内部执行的运行环境。由于设计的逻辑过于复杂,程序中出现的设计错误往往会成为安全漏洞,且易被入侵者利用。从恰当的授权验证到允许攻击者获取数据库所有控制权的缓冲区溢出,这类程序设计错误难以避免。

其中较有代表性的是 2007 年 7 月 Oracle 公布的一个错误授权验证漏洞。该漏洞允许被篡改的 SQL 语句绕过执行用户被授权的权限,能够在没有相应权限的情况下对数据表执行更新、插入和删除操作。SQL Server 2005 的 CVE-2008-0107 也是这种类型的漏洞。该漏洞允许攻击者通过整数型缓冲区溢出漏洞控制 SQL Server 所在服务器。

3. 内存存储对象的安全问题

许多数据库系统都提供大量内建的存储过程和软件包,这些存储过程对象提升了数据库的性能和效率,同时也帮助管理员和开发者管理数据库系统。默认情况下,一个 Oracle 数据库在安装时默认拥有多达 30000 个可以公开访问的对象,这些对象为许多任务(包括访问 OS 文件、发送 HTTP 请求、管理 XML 对象、Java 服务以及支持复制等)提供相应的功能。这些功能都会在网络上开启对应端口,而每多开一个网络端口,就多了一份被入侵威胁,其中包括了 SQL 注入、缓冲区溢出和应用程序逻辑问题等异常情况。

4. SQL 编程组件的安全问题

SQL 编程组件是一个比较宽泛的概念,在每种不同的数据库中功能效果存在差异,这里以 Oracle 的 PL/SQL 为例进行说明。

PL/SQL 给函数和存储过程分配了两种不同权限,这使得 Oracle 的安全性存在大量的隐患。PL/SQL 带来的最多的问题就是低权限账户提升为高权限的问题。通过 Web 或其他方式拿到数据库的一组低权限用户后,攻击者可以通过 PL/SQL 中的一些方法对低权限用户进行提权,最终控制整个数据库以及操作系统。DBMS_METADATA、

CTXSYS DRILOAD、CTXSYS DRILOAD、DBMS_CDC_SUBSCRIBE、DBMS_METADATA、MDSYS、SYS.LT、LT_CTX_PKG、USER_SDO_LRS_METADATA、DBMS_EXPORT_EXTENSION、DBMS_SQL等开发工具包都出现过容许攻击者将低权限账号提权到DBA权限的漏洞。

5.1.2　数据库漏洞的发展趋势

目前,数据库漏洞在数据安全中的威胁最严重。数据库漏洞的影响范围绝不仅仅是存在漏洞的数据库自身,还包括数据库所在操作系统和数据库所在局域网的安全。漏洞的问题和时间之间是密切关系的,随着时间的推移,旧的漏洞会被修复,新的漏洞会不断出现,因而漏洞不会彻底消失,会长期存在。数据库漏洞影响广、威胁大,防护者除了积极更新补丁外,还可通过合理配置提高入侵难度。对数据库漏洞进行研究探索有助于预知数据库可能出现0day漏洞的位置,尽早和客户沟通,帮助客户对数据库可能被入侵组件进行加固。下面从数据库漏洞的时间分布、威胁类型分布、攻击途径分布、利用趋势分布4个角度介绍数据库漏洞的发展趋势。

1. 按发布时间分布

从1996年开始,数据库进入安全团队的视野。同年4月,Oracle被披露出第一个安全漏洞。从1999年的4个漏洞开始,漏洞数量每年稳步增长,到2012年一年被爆出116个漏洞。由于不同数据库研究开始时间和研究深度各不相同,所以下面选取2012—2017年中5个主流数据库(Oracle、msSQL、MySQL、DB2、PostgreSQL)的漏洞进行分析,如图5-1所示。每年被确认的数据库漏洞数量呈震荡趋势:数据库发布新功能的年份,漏洞数量会有一定提高;不发布或少发布新功能的年份,漏洞数量明显降低。截至2017年12月初,近6年被确认的数据库漏洞共有666个,其中2017年被确认的数据库漏洞数量为121个。

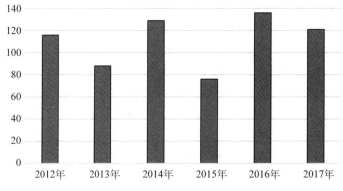

图 5-1　2012—2017 年数据库漏洞数量

2017年比2016年数据库漏洞数量有少量下降,减少了15个漏洞。这是因为2016年各家数据库开发了一些新功能,并且也出现了一些新的攻击手段;而2017年各家数据库主要致力于修补漏洞。2017年的121个数据库漏洞的厂商分布如图5-2所示。

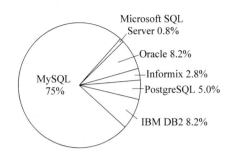

图 5-2　2017 年的 121 个数据库漏洞的厂商分布

2. 按威胁程度分布

数据库漏洞按照对数据库的机密性、完整性和可用性的威胁程度进行分类,可分成 4 大类:超高危漏洞、高危漏洞、中危漏洞和低危漏洞。其中,高危漏洞必须及时处理,低危漏洞和中危漏洞虽然没有高危漏洞严重,但在某些特定情况下也会达到高危漏洞的危害程度,所以不能轻视低危漏洞。2017 年被确认的 121 个漏洞中,Oracle 10 个、MySQL 91 个、PostgreSQL 6 个、Microsoft SQL Server 1 个、IBM DB2 10 个、Informix 3 个。其中,Oracle 有 4 个高危漏洞;MySQL 虽然被爆出 91 个漏洞,但只有 7 个高危漏洞;Microsoft SQL Server、PostgreSQL 和 IBM DB2 则没有高危漏洞;PostgreSQL 6 个漏洞中含 5 个高危漏洞。此外,国产数据库漏洞信息会由国内的漏洞平台认证和发布,截至 2017 年 10 月,来自 CNNVD 和 CNVD 的国产数据库漏洞一共 11 个,全部来自安华金和攻防实验室,其中达梦数据库漏洞占 10 个,包含 1 个超高危、3 个高危;Gbase 数据库发现 1 个漏洞。数据库漏洞等级与厂商分布如图 5-3 所示。

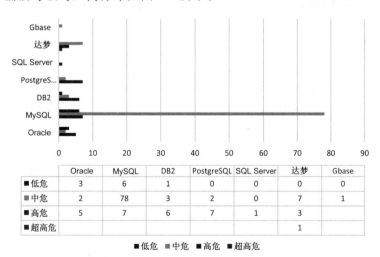

	Oracle	MySQL	DB2	PostgreSQL	SQL Server	达梦	Gbase
■低危	3	6	1	0	0	0	0
■中危	2	78	3	2	0	7	1
■高危	5	7	6	7	1	3	
■超高危						1	

■低危　■中危　■高危　■超高危

图 5-3　数据库漏洞等级与厂商分布

3. 按攻击途径分布

数据库漏洞按攻击途径可划分为两类:远程服务器漏洞和本地漏洞。

远程服务器漏洞主要是指位于提供网络服务的进程中的漏洞。攻击者可以通过网络在另一台计算机上直接进行攻击，无须用户进行任何操作。

本地漏洞指的是必须登录到安装软件的计算机上才能利用的漏洞。该类漏洞因利用条件苛刻，威胁也最大。

目前，数据库漏洞按照攻击途径的分布如图 5-4 所示，其中远程漏洞占 74%，本地漏洞占 17%。在远程漏洞中，需要登录数据库 SQL 层的漏洞远多于协议层的漏洞。数据库漏洞攻击入口分布如图 5-5 所示，除去不确定的漏洞，SQL 层占据全部漏洞类型的 81%，协议层漏洞占据 9%。SQL 层漏洞的利用需要先通过一组弱口令登入到数据库中，然后再使用巧妙的字符串组合进行攻击，这样会导致数据库出现拒绝服务、数据库泄漏、权限提升、操作系统被控制等多种问题。针对数据库中的 SQL 层可以采用对问题函数、存储过程进行权限限制等方式规避。

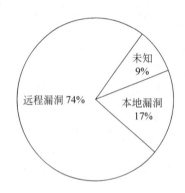

图 5-4　数据库漏洞按照攻击途径的分布

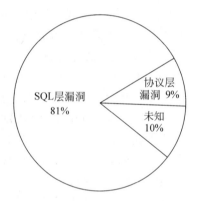

图 5-5　数据库漏洞攻击入口分布

4. 利用趋势分布

漏洞往往是多个一起被发现，出现在同一函数、存储过程中。数据库漏洞中的高危漏洞最关键，对高危漏洞出现的函数、存储过程进行安全加固不但有利于防护已发现的漏洞，更可能提高针对 0day 漏洞的预防能力。2016 年，高危漏洞集中于数据库 Oracle 和 MySQL 中，分别为 CVE-2016-3609、CVE-2016-3489、CVE-2016-3479、CVE-2016-3454、CVE-2016-0639、CVE-2016-3471。

CVE-2016-3454 和 CVE-2016-3609 是 Oracle 的 Java JVM 存在的缓冲区溢出漏洞。该漏洞不需要获得目标数据库的网络访问权限或者数据库所在操作系统的访问权限，就可以导致目标数据库被完全控制、存储的所有敏感信息被盗取、数据库被彻底破坏和数据库服务被停止等问题。

CVE-2016-3489 是一个本地漏洞，存在于 data pump import 组件中。data pump import 组件主要用来处理数据库的数据库文件的导入/导出。攻击者通过某种手段登录到数据库本地后，可以通过该组件导出某些正常渠道无权限访问的数据，从而盗取某些敏感信息。

CVE-2016-3479 是一个远程漏洞，位于 Portable Clusterware 组件中。该漏洞可能导

致入侵者仅有一组低权限账号,就可获得数据库的部分表的访问权,获得其中的敏感信息,甚至对数据库稳定性造成一定程度的影响。

　　CVE-2016-0639、CVE-2016-3471 是 MySQL 的两个安全漏洞,前者是远程漏洞,后者是本地漏洞。两者都是由于相对应组件中存在的变量限制不严格导致的,在某些条件下可能导致数据库信息泄漏。尤其是其中的远程漏洞,其可在无须任何账号密码的情况下,导致 MySQL 缓冲区溢出。

　　数据库安全发展到现在,权限控制和输入限制已成为核心和焦点。以上 6 个高危漏洞中的 3 个是缓冲区溢出漏洞,特别是 CVE-2016-0639,它通过对协议的破解直接对数据库缓冲区发起攻击。虽然缓冲区溢出和通信协议破解的漏洞越来越少,但其一旦出现,对数据库的破坏就是致命性的。SQL 层入侵依旧是漏洞中的主流,80% 以上的漏洞都属于 SQL 层入侵范畴,其中主要还是利用数据库系统 SQL 的漏洞。大部分入侵者还是依赖对低权限用户进行升级权限,以获取更多的数据库敏感信息。数据库管理员需要严格分配用户权限,防止分配给用户过高的权限;对非必要的服务可以禁用或卸载,防止其中存在的漏洞被黑客利用,对数据库造成破坏。

5.2　数据库漏洞扫描

　　数据库漏洞扫描是对数据库系统进行自动化安全评估的专业技术,它能够充分暴露数据库系统的安全漏洞和威胁,并提供智能的修复建议,将企业的数据库安全建设工作由被动的事后追查转变为事前的主动预防,将数据库的安全自查由低效的人工方式提升到高效准确的自动检查方式,并以报表的方式呈现给管理员,适时提出修补方法和安全实施策略,对数据库的安全状况进行持续化监控,从而帮助用户保持数据库的安全健康状态,实现"防患于未然"。

5.2.1　数据库漏洞的成因

　　数据库系统在设计和使用时会出现很多安全隐患,这些安全隐患会直接或间接地造成数据库漏洞的出现。形成数据库漏洞的原因主要有以下 5 个方面。

1. 数据库管理不当

　　很多数据库管理人员常常只将注意力放在数据库系统的使用和管理上,对数据库安全不够重视,不能及时察觉数据库系统中可能发生的安全风险。此外,对数据的错误操作和配置也会带来安全隐患。这些管理上的不当很容易给攻击者提供可乘之机,使得数据库产生安全隐患。因此,需要提高数据管理人员的业务水平和责任心,在人为因素上避免数据库漏洞的产生。

2. 只注意网络和主机的安全,忽略数据库本身

　　许多信息安全人员都有一个误解,认为一旦关键的 Web 服务和主机操作系统漏洞得到修复,数据库就会得到保护。这种错误的想法常常导致数据库安全问题的发生。所有

现代关系数据库系统都是"端口可寻址"的,这意味着任何具有正确查询工具的人都可以规避操作系统的安全性防护机制,直接连接到数据库系统,并威胁数据库的安全。

3. 对数据库权限的管理不够严格

如果数据库系统对数据的访问权限没有严格的定义,网络中的入侵者就可以轻松访问数据库中的机密数据。并且,数据库系统自身的默认用户和密码的问题、数据库自身的安全漏洞以及管理员的后门都可能被入侵者利用,以获得更高的权限,并窃取机密数据。

4. 数据库受应用系统的影响

大部分应用系统在设计时为了节约许可证的数目,数据库中的用户数量往往只有一个或者只有少量的几个,而且不同用户的身份区别是通过建立用户名/密码表实现的。此类系统中登入到数据库的"用户"是同一个数据库用户,所有用户相对数据库平台的权限是一样的,容易造成相互冒用的情况。

5. 数据库本身存在安全漏洞

由于数据库系统功能强大,结构复杂,各种应用程序众多,所以系统本身的漏洞也非常多。这些漏洞中的某些漏洞会同时威胁到数据库本身和其所在操作系统的安全。常用的几种数据库也都有很多众所周知的漏洞。恶意用户有可能利用这些漏洞攻击数据库,侵入操作系统,以获得系统的重要数据,甚至破坏系统。计算机感染木马、恶性弹出窗口和恶意软件等造成的损失常常很小,但数据库被破坏或者恶意使用造成的后果几乎是无法弥补的。

5.2.2　数据库漏洞扫描任务

主流数据库的漏洞在使用中逐步暴露,且数量庞大。为了检测出数据库系统中存在的漏洞,漏洞扫描的任务主要有以下 6 个方面。

1. 分析内部不安全配置,防止越权访问

通过只读账户登录到数据库服务器,实现由内到外的检测;提供现有数据的漏洞透视图和数据库配置安全评估;初步诊断内外部的非授权访问。

2. 监控数据库安全状况,防止数据库安全状况恶化

建立数据库的安全基线,对数据库进行定期扫描,对所有安全状况发生的变化及时进行报告和分析。

3. 用户授权状况扫描,便于找到宽泛权限账户

大型业务系统中,用户的授权状况,特别是管理员权限的授予状况,是系统安全的关键。从安全合规性的角度,用户和授权状况也应是审查的要点。数据库漏洞扫描可以使用自动化的收集工具,获得独立于 DBA(拥有全部特权,是系统最高权限)的授权报告。

4. 弱口令猜解,发现不安全的口令设置

基于各种主流数据库口令生成规则实现口令匹配扫描,规避基于数据库登录的用户锁定问题和效率问题,通过基于字典库、基于规则、基于穷举的多种模式实现弱口令检测。

5. 发现外部黑客攻击漏洞，防止外部攻击

实现非授权的从外到内的检测。模拟黑客使用的漏洞发现技术，在没有授权的情况下对目标数据库的安全性作深入的探测分析，收集外部人员可以利用的数据库漏洞的详细信息。

6. 发现敏感数据，保护核心数据安全

一般应用的后台数据库都有上百个表和上千个字段列，要保护核心数据资产，首先要了解核心数据存放在何处。通过敏感数据发现功能对存储密码、个人标识信息、信用卡账户等的表和列进行扫描，并重点保护这些数据。

5.2.3　数据库漏洞扫描的技术路线

数据库漏洞扫描的主要技术路线有黑盒测试、白盒测试和渗透测试 3 种。

1. 黑盒测试

黑盒测试的原理是在不知道数据库登录账户的情况下，根据权威的漏洞披露平台和数据库的版本号，猜测会出现哪些漏洞。传统的漏洞扫描就是根据黑盒检测的方法生成数据库漏洞检测报告的，但其缺陷包括如下 3 个方面。

（1）无法扫描出数据库的低安全配置和所有的弱口令。

（2）若该版本的数据库没有安装含有漏洞的组件，则可能导致误报。

（3）相同版本号的数据库扫描出的数据库漏洞是相同的。

2. 白盒测试

白盒测试的原理是使用数据库用户和口令登录，基于漏洞知识库构建漏洞描述和修复建议模型，采用检测规则库形成漏洞对应检测方法，使用国际主流安全检测脚本语言 NASL 实现检测。领先的数据库漏洞扫描技术一般采用这种方法，这种检测方法的优势如下。

（1）命中率高。按照漏洞知识库中的漏洞信息和检测规则进行针对性测试，准确发现数据库中实际存在的漏洞。

（2）可扩展性高。对于知识库的扩充或升级，只需在知识库中添加漏洞的描述和修复建议，同时补充 NASL 脚本检查程序即可，然后系统会自动完成漏洞库的扩充或升级。

（3）可以扫描出安全配置和弱口令等问题。

3. 渗透测试

渗透测试是模拟黑客使用的漏洞发现技术和攻击手段，在没有授权的情况下，对目标数据库的安全性作深入的探测分析，并实施攻击（有可能导致停机或对数据库造成损害），取得系统安全威胁的真实证据。通过渗透测试，可以直接看到应用弱点被攻击的后果，如获得系统权限、执行系统命令、篡改数据等，这类检测方法一般用于验证数据漏洞存在的情况。

5.2.4 数据库漏洞扫描的核心技术

1. 智能端口发现技术

实现数据库服务器的自动发现技术的瓶颈在于端口自动识别技术。对于常见的数据库服务端口,如 SQL Server 使用 1433 端口、Oracle 使用 1521 端口、MySQL 使用 3306 端口,这类默认端口可以根据知识库快速识别,但对于修改了默认端口的服务,识别难度就比较大。

智能端口发现技术通常是通过"主动方式"获取指定数据库所运行的端口信息,即轮询某一范围的端口,向其发送符合特定数据库协议的连接请求,若得到符合格式的回应信息,则说明该端口为指定数据库服务所监听的端口。

以 Oracle 的 TNS 协议(服务器端与客户端的通信协议)为例,向某一端口发送连接请求,若该端口为 Oracle 服务器的监听端口,则其必然返回拒绝报文与重定向报文。在接收端只要收到以上两个报文之一,则说明该端口为 Oracle 服务的监听端口。

2. 漏洞库的匹配技术

漏洞库的匹配技术即基于数据库系统安全漏洞知识库,按照一定的匹配规则发现漏洞的方式。首先根据数据库攻防实验室对数据库漏洞攻击特征的研究、黑客攻击案例的分析和 DBA 对数据库系统安全配置的实际经验,形成一套标准的数据库系统漏洞库,然后在此基础上构成相应的匹配规则,由扫描程序自动进行漏洞扫描工作。这种技术的有效性主要取决于漏洞库的完整性。对于黑客探知到的未知漏洞,由于没有包含在漏洞库中,其防御性大幅降低。另外,漏洞库的修订以及更新的状态也会影响到检查结果的准确性。

5.3 数据库漏洞防护

5.3.1 数据库漏洞的处理

数据库漏洞的种类繁多,且危害极大。下面介绍几种常用的处理数据库漏洞的方法。

1. 及时更新数据库软件

各大数据库软件厂商对于数据库的安全非常重视:一方面为用户提供漏洞提交平台,收集用户使用中出现的安全漏洞;另一方面也在不断测试自身的数据库系统,主动发现漏洞。然后,各大厂商会针对收集到的所有安全漏洞给出解决方案,推出软件补丁,修复漏洞。因此,用户可以通过更新数据库软件修复安全漏洞,这也是修复数据库漏洞最直接和最有效的方式。

另外,一旦数据库软件厂商发布修复补丁后,攻击者也可以使用这些修复补丁对应的安全漏洞入侵未更新的数据库系统。因此,数据库系统的安全信息员需要时刻关注官方发布的信息,及时更新数据库系统。

2. 及时更新应用系统

入侵数据库系统不仅可以直接利用数据库的安全漏洞,也可以通过入侵数据库所在的应用系统间接地入侵数据库。一方面,在入侵应用系统后,可以获得对应数据库系统的详细信息,包括版本信息和配置信息等,提高入侵数据库系统的概率;另一方面,入侵者甚至可以通过应用系统获得数据库系统的操作权限,直接获得数据库中的数据。因此,及时更新应用系统,修复应用系统的安全漏洞也极为重要。

3. 防范 SQL 注入

防范 SQL 注入主要在于严密地验证用户输入的合法性,防止产生输入漏洞。防范 SQL 注入需要在程序开发阶段时进行处理,其主要有以下 3 种具体的方式。

(1) 使用验证器验证用户的输入。例如,可以限制输入的长度和类型等,这样就限制了入侵者键入字符的字数,从而限制了入侵者向服务器发送大量的非法命令。

(2) 对用户输入数据进行过滤。首先对用户输入的数据进行过滤,把单引号和双引号全部过滤掉,再进行 SQL 语句的构造,这样就大大降低了入侵者成功入侵的概率。

(3) 利用参数化存储过程或 SQL 参数。利用参数化存储过程访问数据库,确保不会将输入字符串看作是可执行语句。如果不能使用存储过程,在构建 SQL 命令时要利用 SQL 参数,这样入侵者就不能使用特殊字符拼接字符串。当指定了参数的类型和长度后,如果用户输入一个无效的值到当前的数据类型中,则查询将失败。如果指定了参数的长度,就能防止大量数据传递到数据库服务器中。

5.3.2 数据库安全防护体系

为了更好地保护数据库的安全,可以建立数据库安全防护体系,通过事前预警、事中防护和事后审计的方式,全方位地保护数据安全。

数据库防护体系结构图如图 5-6 所示,其包括数据库监控扫描系统、数据库防火墙系统、数据库透明加密系统、数据库审计系统,提供核心数据预警、防御事件和事后审计的集成数据库安全解决方案。

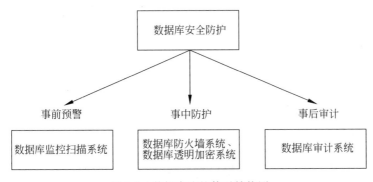

图 5-6 数据库防护体系结构图

1. 数据库监控扫描系统

数据库监控扫描系统可以对数据库系统进行全自动的监控和扫描，及早发现数据库中已有的漏洞，并提供修复指示。数据库监控扫描系统会定期对数据库进行漏洞扫描，尤其是对近期更新的程序或配置进行重点关注，一旦发现问题，就立即向安全管理员报告。

2. 数据库防火墙系统

数据库防火墙系统采用主动防御技术，实时对数据库连接进行监测、识别和报警，阻挡来自内外的一切风险行为，防止核心数据被破坏，加强对核心数据的保护。

3. 数据库透明加密系统

在数据库系统中，通过权限控制和加密存储，用户可以对核心数据进行加密处理，设置访问权限。只有经过授权的用户才能访问加密的数据，以确保数据的机密性。

4. 数据库审计系统

数据库审计系统对数据库的所有操作进行审计，实时记录、分析、识别和确定风险，提供审计报告，实时地反映数据库系统的安全状况，并预测数据库系统安全变化趋势，进行风险报警。

思　考　题

1. 数据库软件主要包含哪些组件？
2. 按照数据库被入侵的方式可以将数据库漏洞分为几类？
3. 数据库漏洞数量近几年呈现什么样的趋势变化？
4. 高危漏洞、中危漏洞和低危漏洞是按什么进行分类的？各类漏洞都有什么特点？
5. 数据库漏洞产生的原因主要有哪些？
6. 简述数据库漏洞扫描的主要任务和技术路线。
7. 常见的数据库漏洞处理方式有哪些？

第 6 章

Web 系统漏洞及其 防范措施

Web 安全漏洞层出不穷,本章主要介绍如 SQL 注入、XSS 跨站脚本攻击等常见 Web 安全漏洞的成因、扫描和处理方法,在此基础上介绍指纹识别、认证安全、会话管理和其他安全增强技术。

6.1 HTTP 基础知识

6.1.1 HTTP 基本概念

HTTP 的全称为 HyperText Transfer Protocol,即超文本传输协议,是互联网应用最广泛的一种网络协议。所有的 WWW 文件都必须遵守这个标准。

1. HTTP 特性

(1) HTTP 是无连接无状态的。

(2) HTTP 构建于 TCP/IP 之上,默认端口号是 80。

(3) HTTP 可以分为两个部分,即请求和响应。

2. HTTP 请求

HTTP 定义了与服务器交互的不同方式,最常用的方法有 4 种,分别是 GET、POST、PUT、DELETE。URL 的中文名称为资源描述符,可以认为:一个 URL 地址对应一个网络上的资源,而 HTTP 中的 GET、POST、PUT、DELETE 对应对这个资源的查询、修改、增添、删除 4 个操作。

HTTP 请求由 3 个部分构成,分别是:状态行、请求头、请求正文。

(1) 状态行由请求方式、路径、协议等构成,各元素之间以空格分隔。

(2) 请求头提供一些参数,如 Cookie、用户代理信息、主机名等。

(3) 请求正文会存放一些发送的数据,一般 GET 请求会将参数放在 URL 中,也就是放在请求头中,因而请求正文一般为空,而 POST 请求将参数放在请求正文中。请求正文可以传一些 JSON(一种轻量级的数据交换格式)数据或者字符串等。

3. GET 请求和 POST 请求的区别

(1) GET 请求和 POST 请求的参数位置不同,从这两个请求报文可以看出,GET 请求对应的参数放在 URL 中,而 POST 请求对应的参数放在 HTTP 请求主体中(但是,这只是一种约定,GET 请求中出现 Body 字段也是允许的)。

(2) 虽然 HTTP 的 RFC 规范并没有详细规定 URL 的最大字符长度限制,但实际上,在浏览器或者服务器中总会存在限制的,这就导致 GET 请求中的参数数量是有限的。

(3) 登录请求需要用 POST 提交表单,而 GET 请求一般用来获取静态资源。

(4) GET 请求可以被缓存,可以被收藏为书签。POST 可以被缓存,但是不能被收藏为书签。

(5) GET 请求的参数在 URL 中,因此绝不能用 GET 请求传输敏感数据。POST 请求数据写在 HTTP 的请求头中,安全性略高于 GET 请求。

6.1.2　HTTP 响应

HTTP 响应是服务器在客户端发送 HTTP 请求后经过一些处理而做出的响应。HTTP 响应和 HTTP 请求相似,也由 3 个部分构成,分别是:状态行、响应头(Response Header)、响应正文。

HTTP 响应中包含一个状态码,用来表示服务器对客户端响应的结果。

状态码一般由 3 位构成。

① 1xx:表示请求已经接受了,继续处理。

② 2xx:表示请求已经被处理。

③ 3xx:重定向。

④ 4xx:一般表示客户端有错误,请求无法实现。

⑤ 5xx:一般为服务器端的错误。

了解 HTTP 请求和响应后,一个完整的流程一般为:

由 HTTP 客户端发起一个请求,建立一个到服务器指定端口(默认是 80 端口)的 TCP 连接;HTTP 服务器在该端口监听客户端发送过来的请求;一旦收到请求,服务器会向客户端发回一个状态行,如"HTTP/1.1 200 OK"和(响应的)消息,消息的消息体可能是请求的文件、错误消息,或者其他一些信息。

6.1.3　HTTP 头信息

1. HTTP 请求头

以请求 360 首页为例,如图 6-1 所示。

① Accept:指定客户端能够接收的内容类型,如常见的 text/html 等,最后返回的 360 首页也是一个 HTML 文件。

② Accept-Encoding:表示浏览器有能力解码的编码类型。

③ Accept-Language:表示浏览器支持的语言类型(这里指中文、简体中文和英文)。

④ Cache-Control:指定请求和响应遵循的缓存机制(这里表示不需要缓存)。

⑤ Connection:表示是否需要持久连接(HTTP 1.1 默认进行持久连接,即默认为 keep-alive,HTTP 1.0 则默认为 close)。

▼ Request Headers　view source
Accept: text/html,application/xhtml+xml,application/xml;q=0.9,image/webp,image/apng,*/*;q=0.8
Accept-Encoding: gzip, deflate, br
Accept-Language: zh-CN,zh;q=0.9
Cache-Control: max-age=0
Connection: keep-alive
Cookie: __guid=243890691.3395104423226398000.1492684662512.0347; __huid=10IgCgXkSSCqb8s3wW8DM%2FpoGsF
mnJDxCQAc5bI1fNhcY%3D; __sid=156009789.2063476517680848400.1516429492157.1187; monitor_count=4; __gi
d=156009789.77234669.1516429492159.1516429565235.4
Host: www.360.cn
If-Modified-Since: Fri, 19 Jan 2018 13:21:46 GMT
If-None-Match: W/"5a61f0ea-253be"
Upgrade-Insecure-Requests: 1
User-Agent: Mozilla/5.0 (Windows NT 6.1; Win64; x64) AppleWebKit/537.36 (KHTML, like Gecko) Chrome/6
3.0.3239.132 Safari/537.36

图 6-1　HTTP 请求头信息

⑥ Cookie：用于会话追踪。

⑦ Host：表示请求的服务器网址。

⑧ User-Agent：用户代理，简称 UA，它是一个特殊字符串头，使得服务器能够识别客户端使用的操作系统及版本、CPU 类型、浏览器及版本、浏览器渲染引擎、浏览器语言、浏览器插件等。

另外还有一些常见的请求头：

① Content-Length：请求的内容长度。

② Referer：先前访问的网页的地址，当前请求网页紧随其后，说明先前是从哪个网址点击访问到该页面的，如果没有，则不填。

③ Content-Type：内容的类型，GET 请求无该字段。

2. HTTP 响应头

下面仍以 360 为例，如图 6-2 所示。

▼ Response Headers　view source
Cache-Control: no-store, no-cache, must-revalidate
Connection: keep-alive
Content-Encoding: gzip
Content-Type: text/html; charset=UTF-8
Date: Sat, 20 Jan 2018 06:30:24 GMT
Expires: Thu, 19 Nov 1981 08:52:00 GMT
Pragma: no-cache
Server: openresty
Transfer-Encoding: chunked
Vary: Accept-Encoding

图 6-2　HTTP 响应头信息

其中，Connection、Content-Encoding、Content-Type 和请求头的内容类似，这里不再赘述。此外，响应头中还包含以下信息。

① Date：原始服务器消息发出的时间。

② Last-Modified：请求资源的最后修改时间。

③ Expires：响应过期的日期和时间，如果下次访问在时间允许的范围内，则可以不

重新请求,直接访问缓存即可。

④ Set-Cookie:设置 HTTP Cookie,下次浏览器再次访问时会带上这个 Cookie 值。

⑤ Server:服务器软件名称,常见的有 Apache 和 Nginx。

<table>
<tr><td>6.2</td><td># Web 安全漏洞的发展概况</td></tr>
</table>

2017 年,360 网站卫士拦截的漏洞攻击中,有一半以上是 SQL 注入攻击,多达 59.6%;其次是 Webshell 漏洞占 8.2%。Webshell 是一种以 asp、php、jsp 或者 cgi 等网页文件形式存在的命令执行环境。另外,通用漏洞、Nginx 攻击、XSS、扫描器漏洞和信息泄漏等也被网站卫士广泛拦截。除此之外,仍有 19.2% 的其他类型漏洞被拦截。可见,Web 安全漏洞的种类越来越繁多,是漏洞攻击类型的发展趋势。2017 年网站卫士拦截漏洞攻击类型分布饼状图如图 6-3 所示。

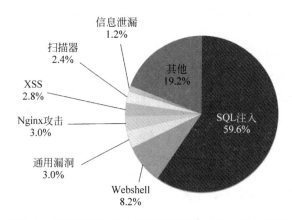

图 6-3　2017 年网站卫士拦截漏洞攻击类型分布饼状图

<table>
<tr><td>6.3</td><td># 常见的 Web 安全漏洞</td></tr>
</table>

开放式 Web 应用程序安全项目(Open Web Application Security Project,OWASP)是一个提供有关计算机和互联网应用程序公正、实际、有成本效益的信息的组织。其最具权威的就是"10 项最严重的 Web 应用程序安全漏洞列表"(OWASP Top 10),总结了 Web 应用程序最常见、最危险的以及最可能发生的十大漏洞,是开发、测试、服务、咨询人员应知应会的知识。

2017 年 OWASP Top 10 应用安全漏洞见表 6-1。

表 6-1　2017 年 OWASP Top 10 应用安全漏洞表

序号	漏洞名称	序号	漏洞名称
1	注入	6	敏感信息泄漏
2	失效的身份认证和会话管理	7	攻击检测与防护不足
3	跨站脚本(XSS)	8	跨站请求伪造(CSRF)
4	失效的访问控制	9	使用含有已知漏洞的组件
5	安全配置错误	10	未受有效保护的 API

1. 注入

注入攻击漏洞,如 SQL、OS、LDAP 注入。这些攻击发生在不可信的数据作为命令或者查询语句的一部分,并被发送给解释器的时候。攻击者发送的恶意数据可以欺骗解释器,以执行计划外的命令或者在未授权的情况下访问数据。

2. 失效的身份认证和会话管理

身份认证和会话管理相关的应用程序功能得不到正确的实现,会导致攻击者破坏密码、密钥、会话令牌或攻击其他的漏洞冒充其他用户的身份。

3. 跨站脚本

当应用程序收到不可信的数据,不进行适当的验证和转义,就发送给网页浏览器时,或者使用可以创建 JavaScript 脚本的浏览器 API 利用用户提供的数据更新现有网页时,就会产生跨站脚本(XSS)攻击。XSS 允许攻击者在受害者的浏览器上执行脚本,从而劫持用户会话、危害网站,或者将用户重定向到恶意网站。

4. 失效的访问控制

对通过认证的用户所能执行的操作缺乏有效限制,攻击者就可以利用这些缺陷访问未经授权的功能和数据。例如,访问其他用户的账户、查看敏感文件、修改其他用户的数据、更改访问权限等。

5. 安全配置错误

好的安全需要对应用程序、框架、应用程序服务器、Web 服务器、数据库服务器和平台定义和执行安全配置。由于许多设置的默认值并不是安全的,因此必须定义、设置和维护这些配置。此外,所有软件都应保持及时更新。

6. 敏感信息泄漏

许多 Web 应用程序和 API 都没有正确地保护敏感数据,如财务、医疗保健和 PII。攻击者可能会窃取或篡改此类弱保护的数据,进行信用卡欺骗、身份窃取或其他犯罪行为。敏感数据的保护应受到额外重视,如在存放或在传输过程中进行加密,以及与浏览器交换时进行特殊的预防措施。

7. 攻击检测与防护不足

大多数的应用和 API 都缺乏检测、预防和响应手动或自动化攻击的能力。攻击保护措施不限于基本输入验证,还应具备自动检测、记录、响应,甚至阻止攻击的能力。应用所有者还应能够快速部署安全补丁,以防御攻击。

8. 跨站请求伪造

跨站请求伪造(CSRF)攻击能迫使登录用户的浏览器将伪造的 HTTP 请求,包括受害者的会话 Cookie 和所有其他自动填充的身份认证信息,发送到一个存在漏洞的 Web 应用程序。这种攻击迫使受害者的浏览器生成一个请求,使得应用程序认为存在的漏洞是合法的。

9. 使用含有已知漏洞的组件

组件具有与应用程序相同的权限,如库文件、框架和其他软件模块等。如果一个带有漏洞的组件被利用,这种攻击就可以造成严重的数据丢失,甚至使服务器被攻击者接管。应用程序和 API 使用带有已知漏洞的组件可能会破坏应用程序的防御系统,并提高了攻击者利用潜在安全威胁的可能性。

10. 未受有效保护的 API

现代应用程序通常涉及丰富的客户端应用程序和 API,如浏览器和移动 App 中的 JavaScript,其常与某类 API(远程工程调用 RPC、JavaScript 前端应用程序工具集 GWT 等)连接,这些 API 通常是不受保护的,并且包含许多漏洞。

2017 年 OWASP Top 10 应用安全漏洞对应漏洞因素总结见表 6-2。

表 6-2　2017 年 OWASP Top 10 应用安全漏洞对应漏洞因素总结

序号	漏　洞　名　称	可利用性	普遍性	可检测性	影响
1	注入	易	常见	一般	严重
2	失效的身份认证和会话管理	一般	常见	一般	严重
3	跨站脚本	一般	非常广泛	一般	中等
4	失效的访问控制	易	广泛	易	中等
5	安全配置错误	易	常见	易	中等
6	敏感信息泄漏	难	少见	一般	严重
7	攻击检测与防护不足	易	常见	一般	中等
8	跨站请求伪造	一般	少见	易	中等
9	使用含有已知漏洞的组件	一般	常见	一般	中等
10	未受有效保护的 API	一般	常见	难	中等

6.4　Web 漏洞扫描

6.4.1　Web 漏洞扫描方式

Web 漏洞扫描方式一般分为主动扫描和被动扫描两种。

主动扫描的检测过程和搜索引擎的爬虫抓取差不多,检测程序首先从网站首页开始检测,之后根据首页上的链接逐层遍历检测下面各级页面。主动扫描是网站安全检测的主要手段,一般每个月进行一次,相当于定期给网站做一次全面体检。

主动扫描也有 3 点不足:一是全站"体检",工作量较大,所以检测不宜过于频繁;二是两次"体检"之间新增的网站页面得不到及时有效的检查,可能出现风险;三是某些孤岛页面得不到检测,安全扫描存在死角。

所谓孤岛页面,是指不与任何其他网页发生关联的网站页面。也就是说,不可能通过任何一个已经打开的网页上的链接点开一个孤岛页面,也不可能通过搜索引擎搜索到孤岛页面。孤岛页面并不是偶然的,而是普遍存在的。例如,网站搞活动临时生成了一个页面,活动过后,页面就可能成为一个孤岛页面;研发人员在开发过程中生成的不对外的临时页面,也是孤岛页面。

为了弥补主动扫描的不足,专家们又提出了被动扫描技术。被动扫描技术是指在网站入口处对用户访问进行监测,用户访问了哪个页面,检测程序就对哪个页面进行检测,不论这个页面此前对于检测程序来说是否已知。被动扫描技术可以时刻运行,一般没有周期限制,可以快速对网站新生页面和被访问的孤岛页面形成有效的检测。

主动扫描和被动扫描是两种互补的技术,不能互相替代,都是网站安全检测的必要技术。不过,需要说明的是,自动化扫描的效率较高,速度较快,但也并非所有的漏洞都可以通过自动化的方法进行扫描,绝大多数的事件型漏洞只能通过人工挖掘的方式发现。

除了漏洞扫描外,现如今,网站安全检测技术还能对网页上的恶意篡改、黑词黑链、挂马程序等进行自动检测。

那么,既然漏洞能够进行自动检测,是否有可能对黑客发起的漏洞攻击进行自动防护呢? 当然能。事实上,知道了某个漏洞的扫描方法,也就可以提取出利用漏洞进行攻击的代码特征,之后,只要对来自网络的访问请求进行自动检测,就可以抵御相应的漏洞攻击。这也是现代网络安全防护技术的重要基础之一。

6.4.2　常见的 Web 漏洞扫描方法

1. 注入漏洞扫描

确认所有解释器的使用都明确地将不可信数据从命令语句或查询语句中区分出来。如果有可能,建议避免或禁用解释器。对于 SQL 调用,这就意味着在所有准备语句(prepared statements)和存储过程(stored procedures)中使用绑定变量(bind variables),并避免使用动态查询语句。

检查应用程序是否安全使用解释器的最快、最有效的方法是代码审查,代码分析工具能帮助安全分析者找到使用解释器的代码并追踪应用的数据流,代码测试者可以通过模拟攻击的方式确认这些漏洞。

可执行应用程序的自动动态扫描器也能够提供一些信息,帮助确认可利用的注入漏洞是否存在。

2. 失效的身份认证和会话管理漏洞扫描

依次扫描以下可能产生漏洞的情况:

① 用户身份验证凭证没有使用哈希或加密保护。

② 认证凭证可猜解,或者能够通过薄弱的账户管理功能(如账户创建、密码修改、密

码恢复、弱会话 ID)重写。

③ 会话 ID 暴露在 URL 里(如 URL 重写)。

④ 会话 ID 容易受到会话固定(session fixation)的攻击。

⑤ 会话 ID 没有超时限制,或者用户会话或身份验证令牌(特别是单点登录令牌)在用户注销时没有失效。

⑥ 成功注册后,会话 ID 没有轮转。

⑦ 密码、会话 ID 和其他认证凭据使用未加密连接传输。

3. 跨站脚本漏洞扫描

如果服务器端代码使用用户提供的输入作为 HTML 输出的一部分,且没有使用转义,那么就存在服务器端 XSS 漏洞。

如果一个网页使用 JavaScript 动态添加攻击者可控的数据到一个网页,那么就存在客户端 XSS 漏洞。

自动化工具能够自动扫描一些跨站脚本漏洞。然而,每个应用程序使用不同的方式生成输出页面,并且使用不同的浏览器端解释器,如 JavaScript、ActiveX、Flash 和 Silverlight,有时还会使用基于这些库之上的第三方库,这就使得自动化检测变得非常困难。因此,只有在自动检测的基础上结合人工代码审核和手动模拟渗透测试,才能全面覆盖扫描漏洞。

4. 失效的访问控制漏洞扫描

验证所有数据和函数引用是否有适当的防御机制:

① 对于数据引用,应用程序应使用引用映射或访问控制检查,以确保用户对该数据的授权。

② 对于私有功能请求,应用程序应进行用户身份验证,确保其具有使用该函数所需的角色或权限。

对应用程序进行代码审查和手动模拟渗透测试是找出失效访问控制的有效方法。然而,自动化工具通常无法检测到该漏洞,因为它们无法识别哪些需要保护、哪些是安全或不安全的。

5. 安全配置错误漏洞扫描

安全配置错误漏洞扫描的步骤如下。

① 检测软件是否及时更新,包括操作系统、Web/应用服务器、数据库管理系统、应用程序、API 和其他所有的组件和库文件。

② 检测是否使用或安装了不必要的功能(如端口、服务、网页、账户、权限)。

③ 检测默认账户的密码是否仍然可用或没有更改。

④ 检测错误处理机制是否防止堆栈跟踪。

⑤ 检测应用服务器、应用框架、库文件、数据库等是否进行了安全配置。

6. 敏感信息泄漏漏洞扫描

需要确认哪些数据是敏感数据而需要被加密。例如,密码、信用卡、医疗记录、个人信息应该被加密。对于这些数据,要确保:

① 当这些数据和其备份被长期存储的时候,无论存储在哪里,都需要加密。

② 无论是内部数据,还是外部数据,都不应明文传输。在互联网中传输明文数据是非常危险的。

③ 不应使用任何旧的或脆弱的加密算法。

④ 加密密钥的生成应当是安全的,同时要保证密钥管理和密钥回转的安全性。

⑤ 当浏览器接收或发送敏感数据时,应保证浏览器安全指令和头文件不丢失。

7. 应对攻击防护不足漏洞扫描

手动模拟攻击或者运行扫描器,检测系统是否具有攻击检测和响应功能。系统应该识别出攻击,阻止任何可能的攻击,并提供出攻击者的具体信息以及攻击的类型。

对系统的攻击防护能抵御的攻击类型进行评估,同时使用一些技术,如 WAF、RASP 和 OWASP AppSensor 以及漏洞的虚拟补丁检测和阻止攻击。

8. 跨站请求伪造漏洞扫描

查看每个链接和表单是否有跨站请求伪造(CSRF)令牌且是不可预测的。若没有令牌,则必须要求用户证明是他们要提交请求,如重新认证,则攻击者就能够伪造恶意请求。注意,会话 Cookie、源 IP 地址和其他浏览器自动发送的信息不能作为防攻击令牌,因为这些信息已经包含在伪造的请求中。

重点扫描调用后能够改变状态功能的链接和表单,因为这些链接和表单是跨站请求伪造攻击的最重要的目标。

9. 使用含有已知漏洞的组件漏洞扫描

应当不间断地搜索这些组件的漏洞数据库,同时还要关注大量的邮件列表和可能包含漏洞发布的公告信息。这个过程可以手动完成,也可以使用自动化工具完成。

现实情况中,漏洞报告中的描述可能比较模糊,因此,一旦检测到代码中使用了具有漏洞的组件,就应立即检测该漏洞对业务会造成何种影响,并进行修复。

10. 未受有效保护的 API 漏洞扫描

由于 API 一般是设计给程序而不是人使用,不提供 UI,使用的协议和数据结果比较复杂,因此安全扫描会比较困难。但扫描 API 的漏洞与扫描一般应用层面的漏洞相似,各种注入、认证、访问控制、加密、配置等普通应用程序存在的问题在 API 中一样会存在。

总之,对 API 的扫描与上述各种方法相同,但设计的扫描策略需要考虑全面的安全防御措施。

6.5 Web 漏洞处理

1. 注入漏洞处理

防止注入漏洞需要将不可信数据从命令及查询中区分开。

① 最佳选择是使用安全的 API,完全避免使用解释器或提供参数化界面的 API。但要注意,有些参数化的 API 如果使用不当,仍然可能引入注入漏洞。

② 如果不能使用参数化的 API,那么就应该使用解释器的 escape 语法避免特殊字符。

③ 使用白名单的具有规范化的输入验证方法同样会有助于防止注入攻击。但由于很多应用在输入中需要特殊字符,所以这一方法不是通用的防护方法。

2. 失效的身份认证和会话管理漏洞处理

开发人员应使用如下资源。

① 一套单独的、强大的认证和会话管理控制系统。这套控制系统应满足 OWASP 的应用程序安全验证标准(ASVS)中 V2(认证)和 V3(会话管理)中制定的所有认证和会话管理的要求,同时还应具有简单的开发界面,具体可以仿照、使用或扩展 ESAPI(ESAPI 是 OWASP 提供的一套 API 级别的 Web 应用解决方案)认证器和用户 API。

② 企业同样也要做出巨大努力避免跨站漏洞,因为这一漏洞可用来盗窃用户会话 ID。

3. 跨站脚本漏洞处理

防止 XSS 需要将不可信数据与动态的浏览器内容区分开。

① 为了避免服务器 XSS,最好的办法是根据数据将要置于的 HTML 上下文(包括主体、属性、JavaScript、CSS 或 URL)对所有的不可信数据进行恰当的转义。

② 为了避免客户端 XSS,最好的选择是避免传递不受信任的数据到 JavaScript 和可以生成活动内容的其他浏览器 API。如果不能避免这种情况,就可以在浏览器 API 中采用上下文敏感的转义技术。

③ 考虑使用内容安全策略(CSP)抵御整个网站的跨站脚本攻击。

4. 失效的访问控制漏洞处理

要预防失效的访问控制,需要选择一个适当的方法保护每个功能和每种数据类型(如对象号码、文件名)。

① 检查访问。任何来自不可信源的直接对象引用都必须通过访问控制检测,确保该用户对请求的对象有访问权限。

② 使用基于用户或者会话的间接对象引用,这样能防止攻击者直接攻击未授权资源。例如,一个下拉列表包含 6 个授权给当前用户的资源,它可以使用数字 1~6 指示哪个是用户选择的值,而不是使用资源的数据库关键字表示。

③ 自动化验证。利用自动化验证正确地授权部署。

5. 安全配置错误漏洞处理

要预防安全配置错误漏洞处理,需要提供合规性控制,在所有环境中都能安全设置和配置的安装过程。

① 部署过程应快速、简单且可重复。开发、质量保证和生产环境都应该配置相同(每个环境中分别使用不同的密码)。这个过程应该是自动化的,尽量减少安装一个新安全环境的耗费。

② 软件更新和补丁应能随时查看、及时部署并保持最新,包括通常被忽略的所有组件和库文件。

③ 应用程序架构应能在组件之间提供有效的分离且安全性强。

④ 安全配置应能在所有环境中正确、自动地设置。

6. 敏感信息泄漏漏洞处理

对一些需要加密的敏感数据,应做到以下几点。

① 对内部攻击和外部威胁有所预测,对敏感数据加密存储,以确保免受这些威胁。

② 对于没必要存放的、重要的敏感数据,应当尽快清除。

③ 确保使用了合适的标准算法和强大的密匙,并且密匙管理到位。

④ 确保使用密码专用算法存储密码,如 bcrypt(使用 blowfish 加密算法的文件加密工具)、PBKDF2(使用伪随机参数导出密钥加密的工具)或者 scrypt(由知名黑客 Collin Percival 开发的加密工具)。

⑤ 禁用包含敏感数据的表单的自动完成功能,以防止敏感数据收集;禁用包含敏感数据的缓存页面。

7. 应对攻击防护不足漏洞的处理

充分的攻击防护应该包括以下 3 方面内容。

① 检测攻击。检测不符合合法用户操作的异常行为,如合法用户不可能创造出的输入、输入速度过快、不合规则的输入、非正常的使用模式、重复的请求等。

② 响应攻击。日志和通知对于及时的响应非常重要,需要考虑是否对于某个 IP 或者一个 IP 网段实施自动阻止,以及是否对异常的用户账号进行禁用或者监控。

③ 虚拟补丁。发现高危漏洞后,若无法在短时间内发布补丁进行解决,可以尝试部署一个虚拟补丁分析 HTTP 流量、数据流、代码执行,并且防止漏洞被利用。

8. 跨站请求伪造漏洞处理

优先考虑利用已有的 CSRF 防护方案。许多框架,如 Spring、Play、Django 以及 AngularJS 等,都内嵌了 CSRF 防护;一些 Web 开发语言,如 Net,也提供了类似的防护,否则应当在每个 HTTP 请求中添加一个不可预测的令牌,这种令牌对每一个用户会话是唯一的。

① 最好的方法是将独有的令牌包含在一个隐藏字段中。这将使得该令牌通过 HTTP 请求体发送,避免其包含在 URL 中,从而被暴露出来。

② 将令牌放在 URL 中或作为一个 URL 参数,但是这种方法有把令牌暴露给攻击者

的风险。

③ 对所有 Cookie 使用"SameSite＝strict"标签,该标签逐渐被各类浏览器所支持。

9. 使用含有已知漏洞的组件漏洞处理

很多第三方组件项目对旧版本并不发布补丁,唯一的解决方案就是升级到下一个版本,而这可能需要更改代码。软件项目应该遵循下面的流程。

① 利用工具(如 versions、DependencyCheck、retire、JavaScript 等)持续记录客户端和服务器端的版本以及它们的依赖库的版本信息。

② 使用自动化工具对使用的组件持续监控。

③ 在升级组件前分析它们是否在程序运行的时候被调用到了,很多组件其实从来没被加载或调用过。

④ 决定到底是升级组件(如果必要,可能需要重写应用代码与之匹配),还是部署一个虚拟补丁分析 HTTP 流量、数据流、代码执行防止漏洞被利用。

10. 未受有效保护的 API 漏洞处理

保护 API 的关键是全面理解威胁模型,了解所有可用的防御措施。

① 确保客户端和 API 之间通过安全信道进行通信。

② 确保 API 有强安全级别的认证模式,并且所有的凭据、密钥、令牌都得到保护。

③ 无论使用哪种数据格式,解析器都应当做好安全加固,防止攻击。

④ 为 API 访问实现权限控制,防止不当访问,包括未授权的功能访问和数据引用。

⑤ 防护各种形式的注入攻击,因为攻击这些 API 和攻击普通应用是一样的。

⑥ 确保安全分析和测试涵盖所有的 API,确保安全工具能有效地发现和分析它们。

6.6　Web 漏洞的发展趋势

1. 数据窃取变成数据操作

网络安全漏洞的一个趋势是,网络犯罪分子将他们的技术从数据窃取和网站黑客攻击转为破坏数据的完整性。与纯粹的数据窃取相比,这种网络安全漏洞会导致企业业务长期受损,并对企业声誉造成损害。

2. 针对消费者设备进行攻击

对于所有组织机构,勒索赎金都是一个重要的安全问题。最近,网络犯罪分子开始针对消费者的各种网络连接设备进行攻击。例如,网络犯罪分子会通过攻击智能手机对消费者进行勒索,要求其支付一笔赎金解锁。

3. 攻击者更大胆、更商业化、更难追踪

网络犯罪分子已经变得更加商业化和组织化,甚至可能部署了他们的个人呼叫中心,建立假冒的约会网站就是这种类型的网络违法行为。这些网络罪犯喜欢在对网络犯罪制裁较少的国家开展活动,以把自己置于警察管辖范围外。

4. 违法行为更加复杂和难以击败

网络罪犯采用更先进的方式改进勒索赎金的恶意活动,有些勒索软件已经开始使用新的系统传播感染,这种感染通过使用金字塔式的折扣诱使受害者变成攻击者。例如,若原来的受害者将他的赎金连接分享给两个以上的人,并将他们的文件加密,原受害者的文件将被免费解密。

5. 云安全的挑战

云存储组织的数据逐渐成为网络犯罪分子的目标,为云计算带来了一系列新的安全挑战。这些安全挑战包括保护数据完整性、排除技术故障等。网络犯罪分子使用复杂的应用程序攻击和修改云端数据,如安全密钥和账户凭证。大多数组织更容易受到网络安全漏洞的攻击,因为他们认为他们的第三方安全厂商正在保护他们的数据。

6. 内部数据泄漏的主要来源是应用程序

人们发现,诸如移动设备、商业、桌面或网络应用等应用程序都是数据泄漏的主要来源。这些应用程序很容易成为网络犯罪分子的目标,因为这些应用程序并非专门为安全而构建,而是为其他目的而构建,这使黑客有机会通过下载使用恶意代码构建的应用程序跨越和窃取数据。作为企业所有者或 IT 专业人员,需要将网络安全作为战略重点,这对于确保其组织能够应对下一代网络安全漏洞至关重要。

6.7　Web 指纹识别技术

信息收集是渗透测试环节的一个非常重要的阶段,它关系到后序列策划攻击的成功性。快速收集目标服务信息则需要测试人员熟练运用指纹识别技术。

1. 指纹识别概念

组件是网络空间最小单元,Web 应用程序、数据库、中间件等都属于组件。指纹是组件上能标识对象类型的一段特征信息,用来在渗透测试信息收集环节中快速识别目标服务。互联网随时代的发展逐渐成熟,大批应用组件等产品在厂商的引导下走向互联网,这些应用程序因功能性、易用性被广大用户所采用。大部分应用组件存在足以说明当前服务名称和版本的特征,识别这些特征可获取当前服务信息,从而进行一系列渗透测试工作。

2. 指纹识别方式

不同应用组件的指纹识别方式有所不同,下面是常见的 5 种识别方式。
① 特殊文件的 MD5 值匹配。
② 请求响应主体内容或头信息的关键字匹配。
③ 请求响应主体内容或头信息的正则匹配。
④ 基于 URL 关键字识别。
⑤ 基于 TCP/IP 请求协议识别服务指纹。

3.指纹识别详解

（1）相关厂商的内容管理系统（Content Management System，CMS）程序文件包含说明当前 CMS 名称及版本的特征码，如 Discuz 官网下的 robots. txt 文件，如图 6-4 所示。

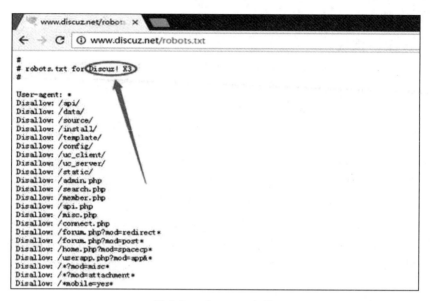

图 6-4　robots. txt 文件

（2）计算网站所使中间件或 CMS 目录下静态文件的 MD5 值，MD5 码可以唯一地代表原信息的特征。静态文件包括 HTML、JS、CSS、Image 等，建立在站点静态文件存在的情况下访问，如 Dedecms 官网下网站根目录 URL"/img/buttom_logo. gif"图片文件。文件 MD5 校验工具图如图 6-5 所示。

图 6-5　文件 MD5 校验工具图

（3）请求访问外网端口映射设备，获取其响应头信息。根据相关规则匹配特征字符，如图 6-6 所示。

（4）TCP/IP 协议簇通信交互，IP 用来把逻辑地址分配到网络机器，TCP 使用网络公认方式传送 IP 数据包。网络上的通信交互均通过 TCP/IP 协议簇进行，操作系统也必须实现该协议。操作系统根据不同数据包做出不同反应。可以使用测试工具，通过向目标主机发送协议数据包并分析其响应信息，进行操作系统指纹识别工作，如图 6-7 所示。

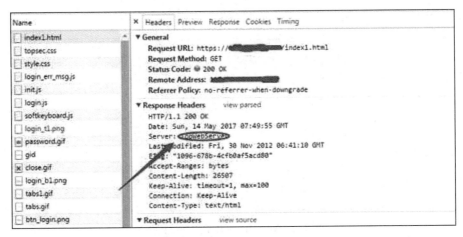

图 6-6　响应头信息

```
root@root:~# nmap -O 192.168.1.101

Starting Nmap 7.25BETA1 ( https://nmap.org ) at 2017-05-14 17:39 CST
Nmap scan report for 192.168.1.101
Host is up (0.0010s latency).
Not shown: 987 closed ports
PORT       STATE SERVICE
135/tcp    open  msrpc
139/tcp    open  netbios-ssn
445/tcp    open  microsoft-ds
554/tcp    open  rtsp
2869/tcp   open  icslap
5357/tcp   open  wsdapi
10243/tcp  open  unknown
49152/tcp  open  unknown
49153/tcp  open  unknown
49154/tcp  open  unknown
49155/tcp  open  unknown
49156/tcp  open  unknown
49157/tcp  open  unknown
MAC Address: 00:0C:29:E4:2E:2D (VMware)
Device type: general purpose
Running: Microsoft Windows 7|2008|8.1
OS CPE: cpe:/o:microsoft:windows_7:- cpe:/o:microsoft:windows_7::sp1 cpe:/o:microsoft:windows_server_2008::sp1 cpe
OS details: Microsoft Windows 7 SP0 - SP1, Windows Server 2008 SP1, Windows 8, or Windows 8.1 Update 1
Network Distance: 1 hop

OS detection performed. Please report any incorrect results at https://nmap.org/submit/ .
Nmap done: 1 IP address (1 host up) scanned in 2.99 seconds
```

图 6-7　TCP/IP 协议簇通信交互图

（5）Socket 又称为"套接字"，应用程序可以通过"套接字"向网络发出请求或者应答网络请求。Socket 对 TCP/IP 进行封装，是一个通信链的句柄。扫描网络中的数据存储服务，利用 Socket 编程接口获取网络字符输出流，进行指纹识别工作。

图 6-8 为测试工具识别文件中的一段 MySQL 数据库的指纹信息。

在本地搭建一个 MySQL 2008 数据库，使用 Java 自带的 Socket API，Socket 请求 192.168.1.107 的 MySQL 数据库服务，获取 Socket 字符输出流。把 HEX 字符转换为十进制字符，同时获取 Socket 字符输入流进行单字节转码，生成一串十六进制字符（去除后 4 位字符），如图 6-9 所示。

这串十六进制字符用以识别 MySQL 数据库版本。此例子的识别结果如图 6-10 所示。

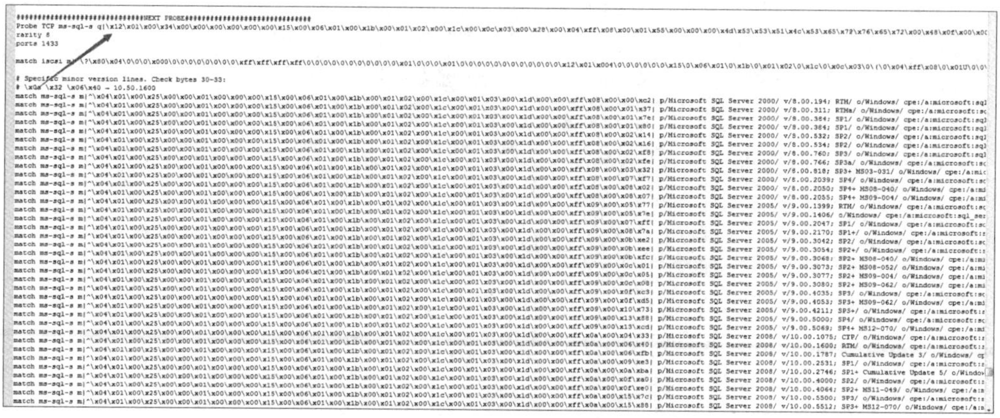

图 6-8　MySQL 数据库的指纹信息

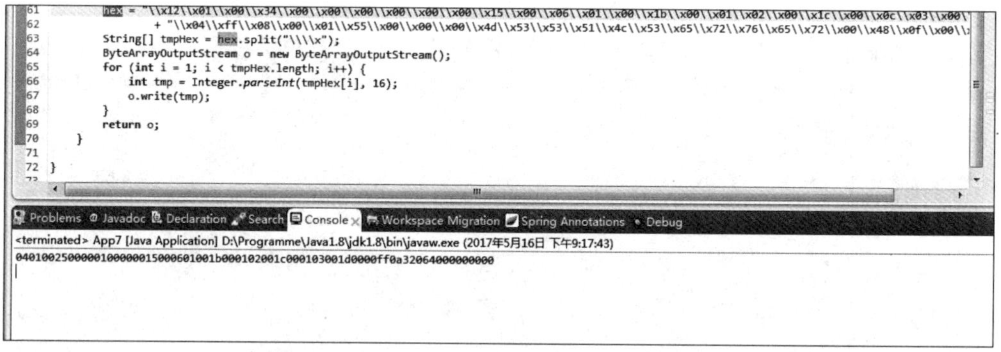

```
61          hex = "\\x12\\x01\\x00\\x34\\x00\\x00\\x00\\x00\\x15\\x00\\x06\\x01\\x1b\\x00\\x01\\x02\\x01\\x1c\\x00\\x0c\\x03\\x00\
62              + "\\x04\\xff\\x08\\x00\\x01\\x55\\x00\\x00\\x00\\x4d\\x53\\x53\\x51\\x4c\\x53\\x65\\x72\\x76\\x65\\x72\\x00\\x48\\x0f\\x00\
63          String[] tmpHex = hex.split("\\\\x");
64          ByteArrayOutputStream o = new ByteArrayOutputStream();
65          for (int i = 1; i < tmpHex.length; i++) {
66              int tmp = Integer.parseInt(tmpHex[i], 16);
67              o.write(tmp);
68          }
69          return o;
70      }
71  }
72 }
```

Problems @ Javadoc 🔍 Declaration 🔎 Search 🗐 Console ✕ 🖹 Workspace Migration Spring Annotations ● Debug

\<terminated\> App7 [Java Application] D:\Programme\Java1.8\jdk1.8\bin\javaw.exe (2017年5月16日 下午9:17:43)

04010025000001000000015000601001b000102001c000103001d0000ff0a32064000000000

图 6-9　用以识别 MySQL 数据库版本的十六进制字符

图 6-10　识别结果

6.8 Web 认证安全

6.8.1　限制访问

1. 目的

针对特定的用户才能访问的资源,以及针对管理员角色才能进行的操作等,需要对权限有差别化的控制。

2. 步骤

1）明确基本方针

哪些资源（如图片、文字、文件等）、哪些人（如匿名用户、注册用户、VIP 用户、管理员等）可以进行怎样的操作。

2）授权认证

基于既定的方针，会有不特定数的人访问的站点（如网购），是哪些人在页面上做了哪些操作，运营方可能需要掌握。

这时就需要实现认证的功能，如常见的会员登录，登录后单击"购买"按钮等，一旦被他人冒用，就会造成资金等利益上的损失。

毕竟在网络上，用户们都看不见对方，风险很高。因此，用户只能通过站点（尤其是数据库和日志）收集到的各种信息识别对方。

3）方针的执行

确认了本次访问者的身份，并且判定了本次其想要进行操作的有效性之后，才允许其进行本次操作。就算确认了访问者是注册用户，但其想访问 VIP 用户的资源或进行相关操作，也是不被允许的。

6.8.2　认证的种类

认证是指核实访问者身份时的处理，主要分为所知、所有两种类型。

1. 所知

目前普遍使用的是口令认证。

这种只有本人才知道的信息虽然很单纯，但对于确认访问者本人是非常有效的方式。该信息也需要加密，即便是技术人员，也不能轻易地解密，从而在最大程度上保护了用户隐私。

此外，被攻击（如篡改密码等）之后，可以通过找回密码或寻问秘密问题等功能，比较容易地帮助用户恢复其认证信息。在设计及开发时，就需要做到未雨绸缪，引入这些机制。

2. 所有

经过权威以及信用机构发行的电子类授权物可以是在浏览器上事先安装的插件等（虚拟式），也可以是 USB 插入计算机等（物理式）。就算是丢失了，也可以申请重新发行，同时让原有物失效。

6.8.3　密码认证的设计

字典式攻击是最普遍的一种攻击方式。

密码的位数过少，或者密码包含自己的姓名（字母）、生日、电话号码等相对容易被推测出的拼音数字，被成功破解的可能性较大。

当用户在注册或更改自己的信息时，系统提示不合规范，强制性让重新输入，在设计和开发时需要引入这种机制，但为了避免引起用户的不满，该强制性规范也不能设定得过于复杂。

只要输入的内容不是过于简单的,就尽量不要硬性规定不能输入哪些字符。不过,可以根据运维需要规定必须输入的最小长度以及具体字符。

6.8.4 封锁账户

1. 锁定(字典式攻击的有效手段之一)

① 连续输入多次密码,均与实际密码不符合时,账户即被封锁。

② 如果一段时期内锁定后自动解锁的现象出现 2 次以上,并且系统判定是来自同一 IP 时,就需要封锁该 IP。

2. 解锁

① 一定时间后,自动解锁。

② 强制性要求重新设置密码。

③ 由运营方手动解锁。安全性要求较严格的情况(如银行、军事等),需要本人提交书面申请方可解锁。

6.8.5 保护密码

1. 加密

一旦保存密码(以及用户名等登录所需信息)的媒介物被外泄,涉及的用户信息可以轻易被窥视,后果极其严重。

不过,如果事前引入了加密机制,虽然不能做到100%保障密码不被破解,至少也可以最大程度地增加破解的成本。

2. 加密的技巧

对于专业黑客来说,字典式攻击是惯用手段。所以,如果只对密码本身加密,通过字典式攻击被破解的成本也会相对降低。

因此,比较合适的方案是:采用用户名+密码,把这个组合作为整体加密,甚至还可以加入电话号码或生日等作为组合体,尽可能地增加复杂度。

3. 重置密码

通过算法加密后,密码内容不可逆向恢复。

因此,在设计阶段就要考虑让用户重置新密码,而非单纯地把原有密码提示给用户。

6.8.6 给用户显示错误信息的技巧

用户名或密码输入错误后无法通过认证,这时需要给用户提示相关内容。

不管是用户名错误,还是密码错误,或者是两者都输入错误而导致无法通过认证,原则上只需要向用户显示固定统一的信息,而非"错哪指哪"。否则,如果显示"用户名不正确""密码不正确"等信息,则会给攻击者暴露出另一层信息,具体如下。

（1）"用户名不正确,意味着密码应该正确",会变相鼓励攻击者继续对用户名进行排查。

（2）"密码不正确,意味着用户名应该正确",会变相鼓励攻击者继续对密码进行排查。

6.8.7　认证时记录日志的技巧

不能把密码写入到日志文件中保存,一旦涉及注册及登录信息的日志文件被外泄,加密也无济于事。

（1）用户正常登录,直接暴露了密码信息。

（2）用户输入时可能出现大小写错或字数错,或者是忘记了密码而试着使用登录其他系统所用的密码,这时虽然无法登录本系统,但可能间接对其他系统的个人信息产生威胁。

6.8.8　邮件认证

1. 新注册用户

注册提交时,会给用户输入的邮箱发一封邮件,确认邮箱是否有效,如果用户手误输入某些字符、邮件服务已经停止、机器人注册使用的邮箱等,都会无法正常收到邮件。如果服务者在测试时自己也收不到邮件,则证明输入有问题或邮件服务本身出了问题。

2. 已注册用户

修改提交时,与新注册时类似,先给输入的新邮箱发一封邮件,起到临时确认邮箱是否有效的作用。

3. 邮箱有效性的确认

不管是新注册,还是已注册后的修改,都需要在临时确认用的邮件里付上激活链接,有效地阻止攻击者篡改邮箱。

① 新注册时,单击此链接即完成正式确认,后续系统功能即可使用。

② 修改时,也需单击此链接完成正式确认,同时给旧邮箱发一封邮件,说明此次修改了邮箱,今后旧邮箱失效。

6.8.9　手机号认证

手机号认证与邮箱认证有相似之处。

（1）给用户输入的手机号发一条短信,用于临时确认。其中写有认证码,如果无法收到,则证明号码输入有问题。

（2）提交后,系统会提示输入收到的认证码,在规定的时间内输入认证码后再次提交即证明该手机号是用户本人在使用,完成认证。

6.9 Web 会话管理

会话即 Session，它在 Web 技术中非常重要。由于网页是一种无状态的连接程序，因此无法得知用户的浏览状态。例如，在网上购物时，某用户把很多商品加入了购物车，而在结账时，网站却不知道该用户的购物车里有哪些物品。为了解决这个问题，服务器端可以为特定用户创建特定的 Session，用于标示并跟踪这个用户，这样可以获知购物车里有哪些商品。

Session 工作流程图如图 6-11 所示。

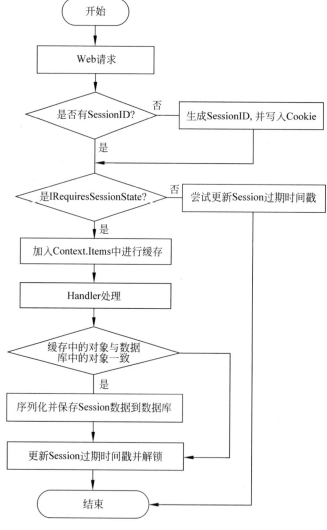

图 6-11　Session 工作流程图

6.9.1　生成 Session 的方法

采用无序不规则且足够长的数字、字母、符号组合成 SessionID，既可以防止被人为猜出，也可以最大程度地避免字典式攻击。为了安全起见，推荐使用框架自动生成的 SessionID。

6.9.2　传输 Session

传输并使用 Session 的流程如图 6-12 所示。

使用 Cookie 传输是最常用的手段，但是为了防止 XSS 攻击，需要采取另外的措施。把 SessionID 加入到 URL 上发送到后台。

（1）不能直接处理此 SessionID，因为 URL 是公开可见的，SessionID 会暴露无遗，引起很多安全问题，不推荐这种方式，但在手机应用开发等不会轻易暴露具体 URL 的情况下，可以适当使用。

（2）加入 Cookie 等元素，后台处理时根据 Cookie 判断访问源头是否正常，如从不同浏览器来的 Cookie 不同，即使 SessionID 一样，也无效。

（3）如果设计上允许不同浏览器访问，则可以使用类似上述手机号认证的方式，即事先生成临时密码，在不同浏览器中打开链接后提示输入临时密码。

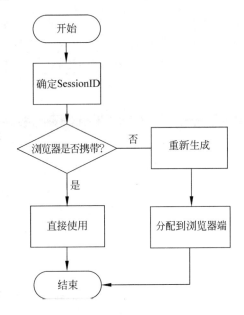

图 6-12　传输并使用 Session 的流程

6.9.3　HTTPS 保护

不管是 SessionID，还是其他敏感重要的信息，在引入 HTTPS 机制的基础上，如果需要通过 Cookie 传输内容，就需要使用到 Cookie 的 secure 属性。

（1）Cookie 的 secure＝false，不管有无 HTTPS，均传输内容，保护有缺陷，只访问自身 HTTPS 的 URL 群不会产生风险，但要访问未引入 HTTPS 的第三方 URL 时，会暴露 Cookie 内容。

（2）Cookie 的 secure＝true，有 HTTPS 时才传输内容，无 HTTPS 时不传输内容，起到保护作用。

6.9.4　何时生成 SessionID

1. 恶意用例: Session Fixation 攻击

SessionFixation 攻击是指在要使用的 Session 中加入了用户账号等相关机密信息，以此设计开发程序时引起的问题，具体流程如下。

首先，用户通过某种途径访问登录页面，这时 Session 开始，SessionID 随之返送给用户。接着,输入用户名和密码等必要的登录信息,与刚才的 SesssionID 一起提交到服务器,认证成功后,即把该 SessionID 与用户信息关联起来。

这种情况下,攻击者通过各种手段让用户使用攻击者预先准备好的 SessionID,一旦用户登录成功后,攻击者即得到同等授权,利用这个 SessionID 进行正常用户可以使用的任何操作。

2. 对策

简言之,用户登录后,生成新的 SessionID 返送给用户,再进行后续操作。即使用户使用攻击者预先准备的 SessionID 登录,但在服务器端认证通过后,服务器生成一个全新的 SessionID 返送给用户,从根本上杜绝攻击者。

不仅是已有用户的登录,还是新用户的注册,都应该在设计和开发时加入该对策。所以,在服务器端认证通过的时刻,必须重新生成 SessionID。

6.9.5 CSRF 对策

(1) 根本性对策是让攻击者无法制造"陷阱"。

攻击者主要通过推测页面表单里含有的各种参数信息制造"陷阱",所以如果表单里不含有能推测的信息,攻击者也就无从下手。

通常的做法是,在用户要结束某个操作前(如网购时单击"付款"按钮的时刻),安全起见,让用户重新输入密码,以完成本次操作。

总而言之,无论是密码,还是其他信息,在提交到服务器的信息中只要至少有一个让攻击者无法预测、猜测的数据,就可以从根本上杜绝攻击。

(2) 面向大众开放的网站服务不能从根本上杜绝,但在企业等小众以及银行等有严格安全要求的网站服务上可采用合适的解决方案,具体方式如下。

① 利用 Refer 的 header 属性。

header 中保存了最近一次访问页面的 URL,一般对这个 URL 实行判断,即可知道是否从"正规"渠道跳转过来。

原因在于,面向大众开放的网站服务具有多样性,无法保证该 URL 是否是预想的那样,所以适用性不强;但小众的拥有特定用户的网站并不会希望从各个渠道跳转过来,所以只要一开始设计时就要求 URL 具有"正规性",就能够达成目标。

② 设计有步骤性的一连串多个页面。

攻击者的基本心理是,尽快让用户掉进"陷阱",因而他们常常会设计出相对简单的页面和流程诱导用户。

基于此,开发者可以设计多个步骤页面(前提是不让用户反感)引导用户完成某个操作,通过这样"烦琐"的步骤让攻击者制造"陷阱"费时费力,直至放弃。

每个页面都会从上个页面继承相关信息,继而往下处理,通过这样的方式,到达服务端的数据才会完整,才能正常地被处理。

6.9.6 直接访问的防范与对策

网络上公开的信息有很多,对非会员公开的页面(信息)也有,注册会员登录后才能访问的页面更是常见的形式。

需要说明的是,即使会员登录后,能访问的页面和操作的对象也只能是自己权限内的,不能访问他人的购物记录、他人的非公开档案,甚至修改他人的个人信息。

这些"页面"包括了静态的链接、文档(如 pdf、word 等)、图像、影音流媒体、动态可执行的 JavaScript 程序等,也在 Session 安全设计的对象内。

6.10　Web 安全增强技术

1. 建立 Web 服务安全模型

Web 服务安全模型提供了 3 种服务信息的交换。

(1) 客户端可以向信任服务发出请求,以注册密钥,获取公钥或者验证密钥对,然后信任服务依次与底层 PKI 实现方案进行通信,完成实际的 PKI 操作。

(2) 客户端在安全域中注册,其信息的传递采用加密及数字签名的方式以保证其机密性、完整性和不可否认性。客户端只需要在一个安全域中完成其身份认证,就能够在另外一个安全域中无须重新验证直接使用受保护的资源。

(3) 安全域可以向信任服务验证客户端公钥的有效性,以保证信息的不可否认性。不同的安全域之间可以交换安全信息,满足从单点注册到后台事务的授权服务的不同处理需要。

2. 网络边界的安全防护

网络边界是指内部安全网络与外部非安全网络的分界线。

网络边界的安全防护需要建设:负载均衡链路设备;防火墙设备,确保链路层、传输层的数据包安全过滤机制;防病毒网关,确保 Internet 互访的第一道基于硬件的防病毒等安全机制;基于公网的相关应用系统的安全系统,如防垃圾邮件系统等。

3. 一次性口令

一次性口令是指每登录一次或每过一个时间间隔就更换一次的口令。

1) 基于算法

基于算法的一次性口令使用复杂的算法,如一个哈希链,通过一个共享密钥生成一系列一次性口令。即使前一个口令已知,后一个口令也是不可猜解的,每个新的口令都是唯一的,所以攻击者无法通过之前的口令猜解新口令。

2) 时间同步

时间同步的一次性口令每经过一定的时间间隔都发生改变,例如,每分钟改变一次。要达到这一目的,用户需要一个安全令牌,并与认证服务器同步。无法连接网络的令牌会在发布前就实现同步。大部分令牌不能更换电池,最多只能使用 5 年,因此增加了成本。

3) 基于事件

基于事件的令牌鉴于其本身的性质,具有更长的生命周期。它们的工作原理基于一次性口令原则,即上一个口令一旦使用,下一个口令即刻生成。

4）无令牌口令

一些认证服务提供者提供基于网络的方法发放一次性口令,而不需要使用令牌。这种方法的实现依赖于用户识别这些预选的图像网格的能力。第一次注册网页时,用户选择几种事物,如小狗、汽车、船或花等。

此后他们每次登录时,都会看到由这些图片随机产生的网格,网格中的每个图片上都会有一个数字或字母,用户选择与他们预选的种类对应的图片,并输入相应的数字或字母,生成一次性访问码。

4. 域环境建设(局域网角度)

在局域网环境下,可通过域控服务器对局域网客户机和用户进行管理,使用组策略等方式增加网内的安全管理;建设防病毒服务系统;建设客户端补丁更新系统;建设访问控制系统,确保局域网内的安全接入管理;使用 IPS 入侵防护设备结合上网行为审计管理系统,规范局域网内上网行为管理及行为审计、时间追查等;使用流量管理设备,从应用层、协议层角度规范网内业务流量,确保关键业务流量需求。

思 考 题

1. HTTP 请求头和响应头各包含什么信息?

2. HTTP 请求由哪几部分构成?

3. GET 请求和 POST 请求的区别有哪些?

4. 简述 Web 安全漏洞的发展情况。

5. 常见的 Web 漏洞有几种?分别是什么?

6. 如何进行注入漏洞处理?

7. 如何进行跨站脚本漏洞处理?

8. 如何进行安全配置错误漏洞处理?

9. 如何进行跨站请求伪造漏洞处理?

10. 如何进行敏感信息泄漏漏洞处理?

11. 如何进行未受有效保护的 API 漏洞处理?

12. 简述 Web 漏洞的发展趋势。

13. 指纹识别方式有哪些?

14. 在设计密码认证策略时要注意什么?

15. 会话管理安全策略有哪几点?

16. 简述 Web 会话管理的基本流程。

17. 什么是网络边界的安全防护?

18. 常用的 Web 安全增强技术有哪些?

19. 一次性口令有几种类型?

第7章

用户名及口令猜解

    用户名是要登录的账户名,口令一般被认为是密码。本章主要介绍用户名和口令的基础知识。通过本章的学习,理解用户名和弱口令的概念、常见弱口令的类型、口令字典和弱口令猜测。

7.1 常见用户名和弱口令概述

7.1.1 常见用户名和弱口令的概念

1. 用户名

    用户名(username)是系统用户登录的标识,是常用网络术语之一。用户名可以使用汉字、字母和数字,或者是这些的组合,如珠穆朗玛峰、zmlmf、china12345 等都可以作为用户名。凡是允许用户注册的系统,只要符合其规定,而且此用户名还未被占用时,都可注册。

    在日常生活中,很多场景都需要使用用户名,如各大网站、各种平台软件、操作系统、游戏账号、网络银行账户以及各种网络设备等都会涉及用户名。

    常见的用户名就是经常被人们使用的用户名。这些常见用户名的安全级别比较低,攻击者非常容易猜测到这些常见用户名。列举常见用户名见表 7-1。

表 7-1 列举常见用户名

序号	用 户 名	序号	用 户 名	序号	用 户 名	序号	用 户 名
1	charlie	12	albert	23	bill	34	houstonoilers
2	mickey	13	open	24	ronald	35	greenbaypackers
3	daffy	14	dick	25	george	36	pennstatefootball
4	1012NW	15	username	26	richard	37	michaeljordan
5	bugs	16	members	27	bob	38	miketyson
6	donald	17	test	28	bud	39	monicalewinski
7	minnie	18	testing	29	adminadministrator	40	lindatripp
8	elmer	19	tester	30	georgiabulldogs	41	faithhill
9	tweety	20	heil	31	pittsburghsteelers	42	mariahcarey
10	alfonse	21	borris	32	miamidolphins	43	georgia
11	al	22	william	33	sanfran49ers	44	adminadmin1

序号	用户名	序号	用户名	序号	用户名	序号	用户名
45	adminadmin	48	adminadmin2	51	system	54	kyle
46	adminadm	49	adminsuper	52	supervisor	55	loginpassword
47	adminsystem	50	administrator	53	jeff	56	rolling

2. 弱口令

弱口令没有严格和准确的定义。通常认为容易被别人猜测以及容易被破解工具破解的口令均为弱口令,如 123、abc、aaa、admin、guest。

7.1.2 弱口令的危害

在当今这个以用户名和口令作为鉴权的世界,口令重要性可想而知。口令相当于用户家门的钥匙,一旦这把钥匙落入他人之手,用户的隐私、财务等都将暴露在他人的眼前。对于普通个人用户而言,泄漏的可能还只是一些个人隐私,但对于商业用户,乃至政府机关、国家机构,内容的泄漏将会造成巨大的损害。因为弱口令相当于放在家门口垫子下的家门钥匙,很容易被他人猜到或者被破解工具轻易破解,是十分危险的。

7.2 常见的弱口令类型

按照口令应用的场景分类,弱口令有如下 4 种。

1. 系统弱口令

系统弱口令主要包括 FTP 弱口令、Ssh 弱口令、Telnet 弱口令、Terminal Services 弱口令、Vnc 弱口令。

2. 数据库弱口令

数据库弱口令主要包括 SQL Server 弱口令、Oracle 弱口令、MySQL 弱口令。

3. 中间件弱口令

中间件弱口令主要是 Tomcat 弱口令。

4. Web 应用弱口令

Web 应用弱口令主要包括网站登录框弱口令、WebShell 弱口令。

按照口令内容的构成,常见的弱口令类型有以下 7 种。

(1) 空口令或系统默认的口令。

(2) 长度小于 8 个字符的口令。

(3) 采用连续的某个字符(如 AAAAAAAA)或重复某些字符的组合的口令。

(4) 口令应该为以下 4 类字符的组合:大写字母(A~Z)、小写字母(a~z)、数字(0~9)和特殊字符。每类字符至少包含一个,如果某类字符只包含一个,那么该字符不应为首字符或尾字符。

（5）包含用户本人、父母、子女和配偶的姓名和出生日期、纪念日期、登录名、E-mail
地址等与本人有关的信息，以及字典中的单词的口令。

（6）用数字或符号代替某些字母的单词作为口令。

（7）长时间不做更改的口令。

常见的弱口令见表 7-2。

表 7-2　常见的弱口令

序号	弱口令	序号	弱口令	序号	弱口令	序号	弱口令
1	123456789	26	0123456789	51	123456789abc	76	123456q
2	a123456	27	asd123456	52	z123456	77	123456aa
3	123456	28	aa123456	53	1234567899	78	9876543210
4	a123456789	29	135792468	54	aaa123456	79	110120119
5	1234567890	30	q123456789	55	abcd1234	80	qaz123456
6	woaini1314	31	abcd123456	56	www123456	81	qq5201314
7	qq123456	32	12345678900	57	123456789q	82	123698745
8	abc123456	33	woaini520	58	123abc	83	5201314
9	123456a	34	woaini123	59	qwe123	84	000000000
10	123456789a	35	zxcvbnm123	60	w123456789	85	as123456
11	147258369	36	1111111111111111	61	7894561230	86	123123
12	zxcvbnm	37	w123456	62	123456qq	87	5841314520
13	987654321	38	aini1314	63	zxc123456	88	z123456789
14	12345678910	39	abc123456789	64	123456789qq	89	52013145201314
15	abc123	40	111111	65	1111111111	90	a123123
16	qq123456789	41	woaini521	66	111111111	91	caonima
17	123456789.	42	qwertyuiop	67	0000000000000000	92	a5201314
18	7708801314520	43	1314520520	68	1234567891234567	93	wang123456
19	woaini	44	1234567891	69	qazwsxedc	94	abcd123
20	5201314520	45	qwe123456	70	qwerty	95	123456789..
21	q123456	46	asd123	71	123456..	96	woaini1314520
22	123456abc	47	000000	72	zxc123	97	123456asd
23	1233211234567	48	1472583690	73	asdfghjkl	98	aa123456789
24	123123123	49	1357924680	74	0000000000	99	741852963
25	123456.	50	789456123	75	1234554321	100	a12345678

7.3 弱口令安全防护

7.3.1 口令字典

口令字典又称密码字典,主要配合密码破译软件使用。密码字典里包括许多人们习

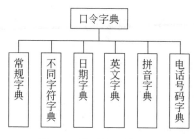

图 7-1 常见的口令字典

惯性设置的密码,这样可以提高密码破译软件的密码破译成功率和命中率,缩短密码破译的时间。当然,如果一个人对密码的设置没有规律或很复杂,未包含在密码字典里,这个字典就失效了,甚至会延长密码破译需要的时间。常见的口令字典如图 7-1所示。

(1)常规字典:采用递归运算,自定义生成包含任意字符或汉字的字典。

(2)不同字符字典:每位使用不同字符集构成的字典。

(3)日期字典:生成6位或8位日期密码字典(生日密码字典)。

(4)英文字典:常用英语单词,英语人名词典和英语地名词典组成的字典。

(5)拼音字典:由常用中文词组拼音构成的字典。

(6)电话号码字典:生成指定格式的电话号码组成的字典。

口令字典的实例如图 7-2 所示。

图 7-2 口令字典的实例

7.3.2　弱口令猜解

口令机制是资源访问控制的第一道屏障,通常黑客以破解用户弱口令作为突破口,获取系统的访问权限。口令破解技术是一项经典的攻击技术,同时也是一项很有效的攻击技术,通常在没有办法的情况下使用。硬件技术和软件技术以及网络技术的飞速发展,使得计算机性能大幅度提高,暴力破解变得十分有效。

1.口令破解的基础知识

1)字典攻击

使用一部一万个单词的字典一般能猜测出系统中 70% 的口令。

2)强行攻击

没有攻不破的口令。如果有速度足够快的计算机能够尝试字母、数字、特殊字符的所有组合,最终将能破解所有口令。

3)组合攻击

使用字典单词,但是单词尾部串联几个字母和数字,这就是组合攻击。

4)字典文件

字典文件就是根据用户的各种信息建立一个用户可能使用的口令的列表文件。字典中的口令是根据人们设置自己账号口令的习惯总结出的常用口令。对攻击者而言,攻击的主要口令在这字典文件中的可能性很大,而且因为字典条目相对较少,在破解速度上也远快于穷举法口令攻击。这种字典有很多种,适合在不同情况下使用。

5)口令破解器

口令破解器是一个程序,它能将口令解译出来,或者让口令保护失效。口令破解器一般不是真正地去解码,因为实际上很多加密算法是不可逆的。

大多数口令破解器是通过尝试一个个的单词,用已知的加密算法加密这些单词,直到发现一个单词经过加密后的结果和待解密的数据一样,就认为这个单词是要找的密码。

2.影响弱口令猜解的主要因素

1)算法的强度

例如,除尝试所有可能的密钥组合之外的任何数学方法,都不能使信息被解密。

2)口令的保密性

数据的保密程度直接与口令的保密程度相关。注意区分口令和算法,算法不需要保密,被加密的数据是先与口令共同使用,然后再通过加密算法。

3)口令长度

口令的长度以"位"为单位,根据加密和解密的应用程序,在口令的长度上加上一位相当于把可能的口令的总数乘以二倍,简单地说,构成一个任意给定长度的口令的位的可能组合的个数可以表示为 2 的 n 次方(n 是一个口令长度),因此,一个 40 位口令长度的配方将是 2 的 40 次方或万亿种可能的不同的钥,与之形成鲜明对比的是现代计算机的速度。

3. 弱口令猜解的主要方法

这里主要介绍弱口令猜解的主要方法。常见的弱口令猜解方法如图 7-3 所示。

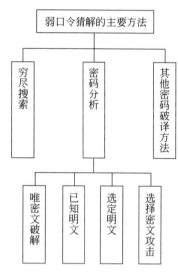

图 7-3　常见的弱口令猜解方法

1）穷尽搜索

破译密文最简单的方法是尝试所有可能的密钥组合。假设破译者有识别正确解密结果的能力,经过多次口令尝试,最终会有一个密钥让破译者得到原文,这个过程就称为口令的穷尽搜索。

2）密码分析

在不知其密钥的情况下,利用数学方法破译密文或找到密钥的方法称为密码分析(cryptanalysis)。

密码分析有两个基本的目标:利用密文发现明文;利用密文发现密钥。

根据密码分析者破译(或攻击)时已具备的前提条件,通常将密码分析攻击法分为 4 种类型。

（1）唯密文破解(ciphertext-only attack)。

在这种方法中,密码分析员已知加密算法,掌握了一段或几段要解密的密文,通过对这些截获的密文进行分析得出明文或口令。唯密文破解是最容易防范的,因为攻击者拥有的信息量最少。但是,在很多情况下,分析者可以得到更多的信息,如捕获到一段或更多的明文信息及相应的密文,也可能知道某段明文信息的格式。

（2）已知明文的破译(known-plaintext attack)。

在这种方法中,密码分析员已知加密算法,掌握了一段明文和对应的密文,目的是发现加密的密钥。在实际使用中,获得与某些密文对应的明文是可能的。

（3）选定明文的破译(chosen-plaintext attack)。

在这种方法中,密码分析员已知加密算法,设法让对手加密一段分析员选定的明文,并获得加密后的密文,目的是确定加密的密钥。差别比较分析法也是选定明文破译法的一种,密码分析员设法让对手加密一组相似却差别细微的明文,然后比较他们加密后的结果,从而获得加密的密钥。

（4）选择密文攻击(chosen-ciphertext attack)。

密码分析者可得到需要的任何密文对应的明文(这些明文可能是不明了的),解密这些密文使用的口令与解密待解的密文的口令一样。它在密码分析技术中很少用到。上述 4 种攻击类型的强度按序递增,如果一个密码系统能抵抗选择明文攻击,那么它当然能够抵抗唯密文攻击和已知明文攻击。

3）其他密码破译方法

除口令的穷尽搜索和密码分析外，实际生活中，破密者更可能针对人机系统的弱点进行攻击，而不是攻击加密算法本身。

利用加密系统实现中的缺陷或漏洞等都是破译密码的方法，虽然这些方法不是密码学研究的内容，但对于每一个使用加密技术的用户来说是不可忽视的问题，甚至比加密算法本身更重要。常见的方法有：

① 欺骗用户口令密码。

② 在用户输入口令时，应用各种技术手段"窥视"或"偷窃"口令内容。

③ 利用加密系统实现中的缺陷。

④ 对用户使用的密码系统偷梁换柱。

⑤ 从用户的工作、生活环境中获得未加密的保密信息，如进行的"垃圾分析"。

⑥ 让口令的另一方透露口令或相关信息。

⑦ 威胁用户交出密码。

4. 弱口令防猜解的常用措施

防止口令破译，采取的具体措施如下。

1）强壮加密算法

通过增加加密算法的破译复杂程度和破译时间，进行密码保护，如加长加密系统的口令长度，一般在其他条件相同的情况下，口令越长，破译越困难，加密系统越可靠。

2）使用 GIF 动画验证码

当前主流的验证码方式是静态的图片，其比较容易被光学字符识别（Optical Character Recognition，OCR）软件识别，不能很好地防止口令猜解。因此，GIF 动画验证成了新的且更安全的选择，其使得识别器不容易辨识哪一个图层才是真正的验证码图片，同时并不影响人的认识和读取信息。

3）登录日志（限制登录次数）

使用登录日志可以有效防止暴力破解。登录日志是，当用户登录时，不是直接进行登录，而是去登录日志里查找：用户是否已经登录错误，以及登录错误的次数和时间等。如果连续多次错误登录，系统将采取某种保护措施。

例如，Oracle 数据库就有一种安全机制，当密码输入错误 3 次之后，每次登录时间间隔将延长 10s，这样就大大减少了被破解的风险。另外，系统可以做到第三次登录错误后延时 10s 登录，第四、五次登录错误后延时 15s，这样也是一种有效的解决暴力破解的方案。

4）动态会话口令

在每次会话时使用不同的口令。

5）定期更换加密会话的口令

常见的口令破解服务类型和数据库类型如图 7-4 所示。

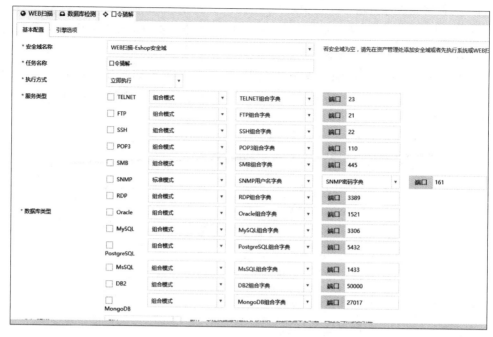

图 7-4　常见的口令破解服务类型和数据库类型

思　考　题

1. 请概述用户名和弱口令的定义。

2. 为什么要进行弱口令防护？

3. 请简述弱口令的类型。

4. 什么是弱口令猜解？请简述影响弱口令的主要因素。

5. 请简述防护弱口令的方法。

第 8 章 软件配置检查

软件配置检查是一个软件产品在生存期各个阶段的不同形式(记录特定信息的不同媒体)和不同版本的程序、文档及相关数据的集合,或者说是配置项的集合。软件的多样性、复杂性、灵活性和高度可定制性对系统的正确配置提出了挑战,错误配置已经成为影响应用服务质量的关键问题之一。

8.1 配置检查

8.1.1 配置不当的危害

2017 年 8 月 7 日,美国爆发了一起工业关键基础设施数据泄漏案——德州电气工程公司(Power Quality Engineering,PQE)的 Rsync 服务器由于配置错误(一个端口配置为互联网公开),导致大量客户机密文件泄漏,包括戴尔(Dell)、奥斯丁城(City of Austin)、甲骨文(Oracle)以及德州仪器(Texas Instruments)等。

泄漏的数据除了暴露出客户电气系统的薄弱环节和故障点外,还揭露了政府运营的绝密情报传输区的具体位置和配置。更危险的是,PQE 内部密码被明文保存在文件夹中,如果落入不法分子之手,就能轻易攻破公司的多个系统。

2017 年 7 月 6 日,UpGuard 的网络风险研究主任 Chris Vickery 发现了一个开放端口,可以在一个 IP 地址接收数据包,当进入到 command-line 接口时,返回了一个完全可下载的数据库。其中包括诸如“客户”“用户”等文件夹。Vickery 从中下载了 205GB 的部分数据,并于 7 月 8 日通知了 PQE 公司。公司随即将其系统加密。

这个将系统公开于公众的开放端口 873 是用来进行 Rsync(远程同步备份)的默认端口。Rsync 是一个命令行程序,允许将数据轻松、快速地复制到另一台机器上。虽然 IT 管理员可以通过使用 Rsync 的“主机允许/拒绝”功能轻松地限制通过此端口访问系统的 IP 地址,但是这在配置完 Rsync 后需要进行一个额外步骤,故虽然操作简单,但由于是默认开放的,所以很容易被 IT 人员遗漏。

一个配置不当的服务器造成的损失有多大? 对于许多企业来说,代价可能超过整个业务的价值。骑士资本(Knight Capital)是一个全球金融服务公司,是美国最大的股票交易商,在纽约证交所和纳斯达克的平均每天交易量超过 33 亿股,交易额高达 210 亿美元。2012 年 8 月 1 日,未经测试的软件被手动部署到生产环境中,触发了驻留在其中一个服务器上的过时功能,导致成批的订单被错误处理。后果是毁灭性的:该公司在 45 分钟内遭受了 4.6 亿美元的损失。

"骑士资本"可能是迄今为止损失最大的案例,但它不是唯一由于 IT 系统配置不当导致信息安全问题的公司。在线零售巨头 Amazon.com 最近遭受 13 分钟的停机导致 2 646 501 美元的收入损失;同样,西南航空公司 2016 年的计算机系统故障导致 2000 架次航班被取消和延误,损失了 8200 万美元。

错误的配置和环境的不一致会产生毁灭性的结果,虽然很难想象,但却是事实。在许多情况下,配置不当是导致信息安全问题的重要原因之一,正确的检测和管理对于防止操作灾难降临至关重要。

随着时间的推移,IT 系统及其配置必然会陷入无序状态。测试、代码更改、服务器补丁和其他活动导致测试/预生产环境和生产环境配置不一致,这在 IT 系统中屡见不鲜。

如果对这些不一致置之不理,这些对环境软硬件的持续更改将导致信息系统性能下降、意外宕机、数据丢失、网络安全事件和数据泄漏。如果不了解环境中发生的更改(例如,软硬件变更没有系统地进行可靠的跟踪),则系统恢复时间(或平均修复时间 MTTR)在服务中断时会急剧增加。

8.1.2 配置核查至关重要

信息系统配置操作是否安全是安全风险的重要方面。安全配置错误一般是人员操作失误导致,而满足大量信息系统设备的安全配置要求,对人员业务水平、技术水平要求相对较高,所以一些行业和大型企业制定了针对自身业务系统特点的配置检查列表和操作指南,而国务院《中华人民共和国计算机信息系统安全保护条例》(147 号令)以及公安部颁布的一系列信息安全等级保护标准,也明确了信息系统安全等级保护测评的纲领性要求。

系统更新补丁,但是配置错误也会导致安全事件的发生,因此不能说系统完成补丁升级后,就能保证信息系统是安全的,错误的安全配置会导致安全问题。安全配置的核查工作非常重要。

漏洞扫描系统的配置检查功能,主要是针对操作系统、数据库、网络设备等系统的配置进行检查,检查配置是否符合标准,并可以自动启动软件执行过程的达标检测。漏洞扫描系统配置检查功能图如图 8-1 所示。

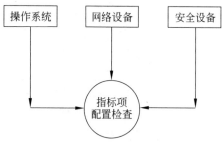

图 8-1　漏洞扫描系统配置检查功能图

安全基线(BaseLine)是保持信息系统安全的机密性、完整性、可用性的最小安全控制,是系统的最小安全保证,是最基本的安全要求。安全基线包含配置核查,是人员、技术、组织、标准的综合的最低标准要求,同时涵盖管理类和技术类两个层面。配置核查是业务系统及所属设备在特定时期内,根据自身需求、部署环境和承载业务要求应满足的基本安全配置要求合集。

安全配置核查关键问题图如图 8-2 所示。

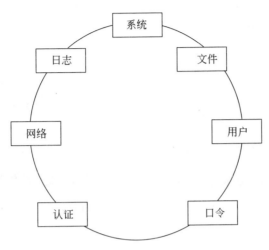

图 8-2　安全配置核查关键问题图

8.1.3　安全基线及配置核查的技术与方法

安全基线及配置核查主要从口令策略、文件权限、用户账号、系统服务、认证授权、网络通信和日志审计 7 个方面进行核查。

1. 口令策略

① 检查口令重复使用次数限制。

② 检查口令生存周期要求。

2. 文件权限

① 检查关键权限指派安全要求，即取得文件或其他对象的所有权。

② 查看每个共享文件夹的共享权限，只允许授权的账户拥有权限共享此文件夹。

3. 用户账号

① 检查是否禁用 guest 用户。

② 删除匿名用户空连接。

4. 系统服务

① 检查是否都配置 NFS 服务检查限制。

② 检查是否禁止 ctrl_alt_del。

5. 认证授权

① 对于 VPN 用户，必须按照其访问权限的不同进行分组，并在访问控制规则中对该组的访问权限进行严格限制。

② 检查口令生存周期要求、配置访问控制规则,拒绝对防火墙保护的系统中常见漏洞对应端口或者服务的访问。

6. 网络通信

防火墙以 UDP/TCP 对外提供服务,供外部主机进行访问,如作为 NTP 服务器、TELNET 服务器、TFTP 服务器、FTP 服务器、SSH 服务器等,应配置防火墙,只允许特定主机访问。

7. 日志审计

设备配置远程日志功能,将需要重点关注的日志内容传输到日志服务器。

8.2 安全配置标准

行业规范和等级保护纲领性规范要求运维人员有检查安全风险的标杆,但是面对网络中种类繁杂、数量众多的设备和软件,运维人员仍然需要花费大量的时间和精力检查设备、收集数据、制作和审核风险报告,以识别各项不符合安全规范要求的系统。如何快速有效地在新业务系统上实现上线安全检查、第三方入网安全检查、合规安全检查(上级检查)、日常安全检查等全方位设备检查,又如何集中收集核查的结果,以及制作风险审核报告,并且最终识别与安全规范不符合的项目,以达到整改合规的要求,这些是网络运维人员面临的新的难题。

以下是某公司产品的配置检查标准,见表 8-1。

表 8-1 某公司产品的配置检查标准

配置检查	产品具备专业配置核查的漏洞库,具备主流的操作系统、数据库、网络设备、安全设备的相关安全配置核查漏洞库
	产品应具备操作系统的配置核查,能够对主流操作系统进行安全配置检查,支持 Windows、Linux、UNIX 等主流操作系统
	产品应具备网络设备的配置核查,能够对主流网络设备进行安全配置检查,支持 Cisco、华为、Juniper、F5 等主流网络设备
	产品应具备安全设备的配置核查,能够对主流安全设备进行安全配置检查,支持 Cisco、华为、赛门铁克、Juniper、McAfee 等主流安全设备
	产品具备中华人民共和国工业和信息化部的电信网和互联网安全防护的基线配置核查标准
	产品具备中国移动管理信息系统安全的配置核查标准
	产品具备公安部的信息系统等级保护的配置核查标准
	产品具备中国电信的 528 号安全配置核查标准

8.2.1 中华人民共和国工业和信息化部的基线配置核查标准

为保障电信网与互联网的安全,中华人民共和国工业和信息化部就电信网与互联网的基线配置核查给出一个参考标准,就电信网和互联网的网络设备的安全防护基线配置及检测应满足账号口令、认证授权、日志安全、协议安全和其他安全这 5 个方面的要求,具体配置操作及检测方法应结合具体设备。总体要求主要包括:

1. 账号口令

① 应按照用户分配账号,避免不同用户间共享账号,避免用户账号和设备间通信使用的账号共享。

为了控制不同用户的访问级别,应建立多用户级别。根据用户的业务需求,将用户账号分配到相应的用户级别。

② 应删除与设备运行、维护等工作无关的账号。

③ 应配置定时账户自动登出,如 Telnet、SSH、HTTP 等管理连接和 CONSOLE 口登录连接等,登出后用户需再次登录才能进入系统。

④ 对于采用静态口令认证技术的设备,口令长度至少为 8 位,并至少包括数字、小写字母、大写字母、标点和特殊符号 4 类中的 3 类,且与账号无相关性,同时应定期更换口令,更换周期不大于 90 天。

⑤ 静态口令应使用不可逆加密算法加密后以密文形式存放于配置文件中。

⑥ 应配置 CONSOLE 口密码保护功能。

⑦ 应修改 root 密码。

2. 认证授权

① 在设备权限配置能力内,应根据用户的业务需要配置其所需的最小权限。

② 系统远程管理服务 Telnet、SSH 应只允许特定地址访问。

③ 应通过相关参数配置,与认证系统联动,满足账号、口令和授权的强制要求。

3. 日志安全

① 应配置日志功能,对用户登录进行记录,并记录用户对设备的操作。

② 应配置日志功能,记录与设备相关的安全事件。

③ 应配置远程日志功能,所有设备日志均能通过远程日志功能传输到日志服务器,并至少支持一种通用的远程标准日志接口,如 SYSLOG、FTP 等。

④ 应开启 NTP 服务,保证日志功能记录的时间的准确性。路由器交换机与 NTP Server 之间应开启认证功能。

⑤ 设置系统的配置更改信息应保存到单独的 change. log 文件内。

4. 协议安全

① 应配置路由策略,禁止发布或接收不安全的路由信息,只接受合法的路由更新,只发布所需的路由更新。

② 应配置路由器,以防止地址欺骗攻击,不使用 ARP 代理的路由器应关闭该功能。

③ 对于具备 TCP/UDP 功能的设备,应根据业务需要配置基于源 IP 地址、通信协议 TCP 或 UDP、目的 IP 地址、源端口、目的端口的流量过滤,过滤所有与业务不相关的流量。

④ 网络边界应配置安全访问控制,过滤已知安全攻击数据包,如 UDP1434 端口(防止 SQL slammer 蠕虫)、TCP445、5800、5900(防止 Della 蠕虫)。

⑤ 对于使用 IP 进行远程维护的设备,应配置使用 SSH 等加密协议。

⑥ 启用动态 IGP(RIPV2、OSPF、ISIS 等)、EGP(BGP、MP-BGP 等)时,应配置路由协议认证功能(如 MD5 加密认证),确保与可信方进行路由协议交互。

⑦ 应配置 SNMP 访问安全限制,设置可接收 SNMP 消息的主机地址,只允许特定主机通过 SNMP 访问网络设备。

⑧ 应修改 SNMP 的 Community 默认通行字,通行字应符合口令强度要求。

⑨ 应关闭未使用的 SNMP 及未使用的 RW 权限。

⑩ 应配置为 SNMP V2 或以上版本。如接受统一网管系统管理,则应配置为 SNMP V3。

5. 其他安全

① 应关闭未使用端口和不必要的网络服务或功能,使用的端口应添加符合实际应用的描述。

② 应修改路由默认 BANNER 语,BANNER 应没有系统平台或地址等有碍安全的信息。

③ 应开启配置文件定期备份功能,定期备份配置文件。

8.2.2 中国移动配置核查标准

中国移动通信有限公司为了更好地对信息系统的安全性进行管理,就中国移动的管理信息系统的配置设定了配置标准。

1. 账号管理、认证授权

1)账户

(1)应按照不同的用户分配不同的账号,避免不同用户间共享账号,避免用户账号和设备间通信使用的账号共享。

(2)应删除或锁定与设备运行、维护等工作无关的账号。系统内存在不可删除的内置账号,包括 bin、sys 等。

(3)限制具备超级管理员权限的用户远程登录。远程执行管理员权限操作,应先以普通权限用户远程登录后,再切换到超级管理员权限账号后执行相应操作。

(4)根据系统要求及用户的业务需求建立多账户组,将用户账号分配到相应的账户组。

(5)对系统账号进行登录限制,确保系统账号仅被守护进程和服务使用,不应直接由该账号登录系统。如果系统没有应用这些守护进程或服务,则应删除这些账号。

2)口令

(1)对于采用静态口令认证技术的设备,口令长度至少为 6 位,并至少包括数字、小写字母、大写字母和特殊符号 4 类中的 2 类。

(2)对于采用静态口令认证技术的设备,账户口令的生存期不长于 90 天。

（3）对于采用静态口令认证技术的设备,应配置设备,使用户不能重复使用最近 5 次（含 5 次）内已使用的口令。

（4）对于采用静态口令认证技术的设备,应配置当用户连续认证失败次数超过 6 次（不含 6 次）,就锁定该用户使用的账号。

3）授权

（1）在设备权限配置能力内,根据用户的业务需要配置其所需的最小权限。

（2）控制用户默认访问权限,当创建新文件或目录时,应屏蔽掉新文件或目录不应有的访问允许权限。防止同属该组的其他用户及其他组的用户修改该用户的文件或更高限制。

（3）控制 FTP 进程的默认访问权限,当通过 FTP 服务创建新文件或目录时,应屏蔽新文件或目录不应有的访问允许权限。

2. 日志配置要求

本部分对 AIX 操作系统设备的日志功能提出要求,主要考察设备具备的日志功能,确保发生安全事件后,设备日志能提供充足的信息进行安全事件定位。根据这些要求,设备日志应能支持记录与设备相关的重要事件,包括违反安全策略的事件、设备部件发生故障或其存在环境异常等,以便通过审计分析工具发现安全隐患。如出现大量违反 ACL 规则的事件时,通过对日志的审计分析,能发现隐患,提高设备维护人员的警惕性,防止恶化。

（1）设备应配置日志功能,对用户登录进行记录,记录内容包括用户登录时使用的账号、登录是否成功、登录时间,以及远程登录时用户使用的 IP 地址。

（2）设备应配置日志功能,记录用户对设备的操作,包括但不限于以下内容：账号创建、删除和权限修改、口令修改、读取和修改设备配置、读取和修改业务用户的话费数据、身份数据、涉及通信隐私数据。需记录用户账号、操作时间、操作内容以及操作结果。

（3）设备应配置日志功能,记录与设备相关的安全事件。

（4）设备应配置远程日志功能,将需要重点关注的日志内容传输到日志服务器。

（5）设备应配置日志功能,记录用户使用 su 命令的情况,记录不良的尝试记录。

（6）系统上运行的应用/服务也应该配置相应的日志选项,如 cron。

3. IP 安全配置要求

1）IP 安全

设备应支持列出对外开放的 IP 服务端口和设备内部进程的对应表。

2）路由协议安全

（1）主机系统应禁止 ICMP 重定向,采用静态路由。

（2）对于不做路由功能的系统,应关闭数据包转发功能。

4. 设备其他安全配置要求

本部分作为对 AIX 操作系统设备除账号认证、日志、协议等方面外的安全配置要求的补充,对 AIX 操作系统设备提出安全功能需求,包括补丁升级、文件系统管理等其他方面的安全能力,该部分作为前几部分安全配置要求的补充。

1）屏幕保护

对于具备字符交互界面的设备,应配置定时账户自动登出。

2）文件系统及访问权限

涉及账号、账号组、口令、服务等的重要文件和目录的权限设置不能被任意人员删除、修改。

3）补丁管理

① 安装系统时建议只安装基本的 OS 部分,其余的软件包则以必要为原则,非必需的包不必安装。

② 应根据需要及时进行补丁装载。对服务器系统应先进行兼容性测试。

4）服务

① 列出需要服务的列表(包括所需的系统服务),不在此列表的服务需关闭。

② NFS 服务:如果没有必要,需要停止 NFS 服务;如果需要 NFS 服务,就限制能够访问 NFS 服务的 IP 范围。

5）启动项

列出系统启动时自动加载的进程和服务列表,不在此列表的需关闭。

8.2.3 公安部的配置核查标准

随着政府信息化进程的加速,电子政务网络环境日益复杂,计算机终端已成为政府信息安全保障工作的薄弱环节。信息安全等级保护是我国信息安全保障的一项基本制度,是国家通过制定统一的信息安全等级保护管理规范和技术标准,组织公民、法人和其他组织对信息系统分等级实行安全保护,对等级保护工作的实施进行监督、管理。信息安全等级配置核查标准按照国家信息安全等级保护标准规范,对信息安全等级核查标准进行测试评估。其主要包括两方面内容:一方面主要是测评信息安全等级保护要求的基本安全控制在信息系统中的实施配置情况;另一方面主要是测评分析信息系统的配置核查的可行性。

8.2.4 中国电信安全配置核查标准

中国电信集团有限公司(简称"中国电信")是国有特大型通信骨干企业,资产规模超过 8000 亿元人民币,年收入规模超过 4100 亿元人民币,位列 2016 年度《财富》杂志全球 500 强第 133 位,多次被国际权威机构评选为亚洲最受尊崇企业、亚洲最佳管理公司、亚洲全方位最佳管理公司等。为了标准化公司的安全配置核查标准,颁布了 528 号安全配置核查标准。通过采用统一的安全配置标准规范技术人员在各类操作系统上的日常操作,让运维人员有了检查默认风险的标杆。

1. 账号

① 应按照不同的用户分配不同的账号,避免不同用户间共享账号,避免用户账号和设备间通信使用的账号共享。

② 应删除与运行、维护等工作无关的账号。

③ 重命名 Administrator；禁用 guest 账号。

2. 口令

① 密码长度的要求：最少为 8 位。密码复杂度要求：至少包含以下 4 种类别字符中的 3 种：英语大写字母 A，B，C，…，Z；英语小写字母 a，b，c，…，z；阿拉伯数字 0，1，2，…，9；非字母数字字符，如标点符号，@、♯、$、%、&、＊等。

② 对于采用静态口令认证技术的设备，账户口令的生存期不长于 90 天。

③ 对于采用静态口令认证技术的设备，应配置设备，使用户不能重复使用最近 5 次（含 5 次）内已使用的口令。

④ 对于采用静态口令认证技术的设备，应配置当用户连续认证失败次数超过 6 次（不含 6 次），就锁定该用户使用的账号。

3. 授权

① 本地、远端系统强制关机只指派给 Administrators 组。

② 在本地安全设置中取得文件或其他对象的所有权仅指派给 Administrators。

③ 在本地安全设置中只允许授权账号本地、远程访问登录此计算机。

4. 补丁

在不影响业务的情况下，应安装最新的 Service Pack 补丁集。对服务器系统应先进行兼容性测试。

5. 防护软件

启用自带防火墙或安装第三方威胁防护软件。根据业务需要限定允许访问网络的应用程序和允许远程登录该设备的 IP 地址范围。

6. 防病毒软件

安装防病毒软件，并及时更新。

7. 日志安全要求

① 设备应配置日志功能，对用户登录进行记录，记录内容包括用户登录使用的账号、登录是否成功、登录时间，以及远程登录时用户使用的 IP 地址。

② 开启审核策略，以便出现安全问题后进行追查。

③ 设置日志容量和覆盖规则，保证日志存储。

8. 不必要的服务、端口

① 关闭不必要的服务。

② 如需启用 SNMP 服务，则修改默认的 SNMP Community String 设置。

③ 如对互联网开放 Windows Terminal 服务（Remote Desktop），则需修改默认服务端口。

9. 启动项

关闭无效启动项。

10. 关闭自动播放功能

关闭 Windows 自动播放功能。

11. 共享文件夹

① 在非域环境下,关闭 Windows 硬盘默认共享,如 C $、D $。

② 设置共享文件夹的访问权限,只允许授权的账户拥有权限共享此文件夹。

12. 使用 NTFS 文件系统

在不毁坏数据的情况下,将 FAT 分区改为 NTFS 格式。

13. 网络访问

① 禁止匿名访问命名管道和共享。

② 禁止可远程访问的注册表路径和子路径。

14. 会话超时设置

对于远程登录的账户,设置不活动会话的连接时间为 15 分钟。

15. 注册表设置

在不影响系统稳定运行的前提下,对注册表信息进行更新。

思　考　题

1. 配置不当的危害有哪些?

2. 安全配置核查的关键问题有哪些?

3. 安全基线及配置核查主要包含哪些技术?

4. 日志安全配置包括哪些内容?

第 9 章

典 型 案 例

本章将介绍漏洞扫描系统的应用案例,主要针对不同应用背景和安全需求,分析其存在的安全问题,提出解决方案,并以奇安信网神 SecVSS 3600 漏洞扫描系统为例,展示其部署方式和方案优势。

9.1 互联网企业漏洞扫描解决方案

9.1.1 应用背景

网络的高速发展推动人类社会进入数字时代,如今网络已经成为企业制胜的必由之路。越来越多的企业将自己的关键业务置于网络之上,并取得了卓越的成绩。然而,越来越多的网络黑客利用漏洞肆意侵入计算机,盗取重要资料,或者破坏网络,使其陷入瘫痪,给企业造成巨大的损失。因此,系统安全和漏洞防护越来越受到各大互联网企业的重视,企业的网络安全直接影响到它的生存和发展。

近几年,政府部门多次发布安全规范和网络安全要求。

(1) 2013 年,公安部发布了"计算机信息系统安全保护等级划分准则"。

(2) 2014 年,保密局针对涉密系统发布了"涉及国家秘密的信息系统分级保护技术要求"。我国政府越来越重视网络安全。

(3) 2015 年,新《国家安全法》正式颁布,明确提出国家建设网络与信息安全保障的重要性。

(4) 2017 年 6 月 9 日,由四部委联合起草的"网络关键设备和网络安全专用产品目录"正式发布,其中"网络脆弱性扫描产品"在产品目录中。

每隔一段时间,国际权威组织 CERT 都会公布大量的网络安全漏洞,这些漏洞涉及操作系统、网络设备、安全设备或应用软件的最新技术。回顾 2017 年上半年的安全事件,主要与系统漏洞、Web 安全事件、弱口令问题、信息泄漏和移动端操作系统安全问题事件相关。

然而,对于国内网络系统,不可能也没有必要花费大量的人力、物力长期追踪这些新技术以及出现的新漏洞,更做不到及时检测和发现这些新漏洞的存在。因此,"网络安全扫描系统"应运而生,它是近几年才出现的新型网络安全技术。它将国际权威组织公布的最新安全漏洞在最短的时间段内加入到系统中,使用户能够得到及时的和最新的安全扫描服务,从而保障计算机和网络系统的安全和正常运行,这已经成为各个组织能否成功发展的关键性问题。

9.1.2　企业需求

企业信息网络中,由于网络技术与协议上的开放性,不难发现整个网络存在着各种类型的安全隐患和潜在的危险,黑客及怀着恶意的人员将可能利用这些安全隐患对网络进行攻击,造成严重的后果。因此,如何保证重要的信息不受黑客和不法分子的入侵,保证企业信息系统的可用性、保密性和完整性等安全目标的问题摆在我们面前。保证企业信息系统安全的需求主要有以下 3 个方面。

1. 建立完善的漏洞管理和风险评估体系

目前企业中常用的 Windows、UNIX 等操作系统、数据库及中间件平台等软件或多或少地存在一些已知和未知的安全漏洞,这些漏洞很容易成为黑客和计算机病毒利用的对象。同时,对于一些大型的企业信息化网络,在整体的层面缺少完善一致的安全防护及管理措施,导致分散建设、分散管理,最终容易造成安全防护水准不统一。

因此,互联网企业需要通过定期的漏洞扫描和漏洞验证,实现针对信息系统和网络的脆弱性评估,并生成完善的评估报告,形成规范的全网漏洞管理体系,并辅以强大的风险报表以及解决方案建议,从而实现从漏洞发现、验证至修复建议一套完整的流程。

2. 快速发现内部资产可能存在的风险

互联网企业需要能够快速发现内部资产可能存在的风险,避免未知资产带来的安全风险,实现内部 IT 资产的标识和分类管理,方便安全扫描策略的部署和风险评估的进行。

3. 保障企业满足合规要求

行业规范和等级保护纲领性规范要求运维人员有检查安全风险的标杆,但是面对网络中种类繁杂、数量众多的设备和软件,运维人员需要花费大量的时间和精力检查设备、收集数据、制作和审核风险报告,以识别各项不符合安全规范要求的系统。

为了提高安全运维人员的工作效率,互联网企业需要通过安全防护系统自动化进行安全合规检测,保证信息系统满足各项政策和法规的要求。

9.1.3　解决方案

漏洞扫描系统是架构于自有的 SecOS 网络操作系统之上,使用基于脚本插件的规则库对目标系统进行黑盒测试的工具,其可检测的目标包括操作系统、数据库、网络设备、防火墙等产品。漏洞扫描系统的具体架构如图 9-1 所示。

1. 任务调度中心

任务调度中心基于负载均衡、指定引擎等多种方式进行任务调度。

2. 插件引擎

高效的插件执行引擎,根据前置条件判断插件是否需要执行,减少多余的测试用例,同时根据端口、服务、版本、认证状况等多种情形提供脚本,检测出尽量多的安全问题,减

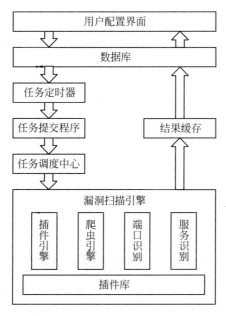

图 9-1　漏洞扫描系统的具体架构

少漏报。

3. 爬虫引擎

爬虫引擎用于获取 Web 系统的页面,支持对 JavaScript、BOM(浏览器对象)、Flash 的解析。

4. 端口、服务识别

漏洞扫描的基础模块采用多种技术手段对端口进行探测,对服务的识别不是基于端口号,而是发送数据包对服务器返回数据进行甄别,从而判断服务的类型,大大提高了扫描结果的准确性。

漏洞扫描系统属于旁路部署产品,其部署方案如图 9-2 所示。该漏洞扫描系统在内网可以对操作系统、数据库、网络设备、防火墙等产品进行漏洞扫描,通过无线网关 (WiFi)对移动端设备的操作系统进行漏洞扫描。此外,通过设置 DNS 服务器实现对外网的相关网站进行 Web 漏洞扫描。

9.1.4　用户价值

1. 多核高性能处理

漏洞扫描系统采用国际领先的多核处理器技术,通过自主开发的 SecOS 安全操作系统,能够高效调用多个内核处理器并行扫描漏洞,提高产品扫描性能。在系统漏洞扫描、Web 漏洞扫描并行扫描时,SecOS 系统会自动分配 CPU、内存资源,提高扫描的速度。

2. 系统安全

漏洞扫描系统针对传统的操作系统、网络设备、防火墙、远程服务等系统层漏洞进行

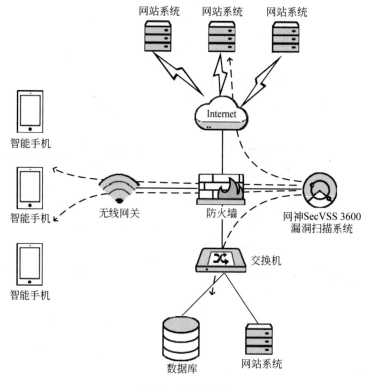

图 9-2　部署方案

渗透性测试。测试系统补丁更新情况、网络设备漏洞情况，对远程服务端口开放等情况进行综合评估，在黑客发现系统漏洞前期提供给客户安全隐患评估报告，提前进行漏洞修复，提前预防黑客攻击事件的发生。

- 操作系统：Windows、Linux、UNIX 等。
- 网络设备：Cisco、juniper、华为、3com 等主流厂商设备。
- 数据库：Oracle、MySQL、SQL Server 等。

3. Web 安全

漏洞扫描系统针对 Web 安全方面也有独到之处。Web 安全是近年来新兴的互联网安全研究方向。漏洞扫描系统针对 SQL 注入、XSS 跨站脚本、信息泄漏、网络爬虫、目录遍历等 Web 攻击方式进行模拟黑客渗透攻击评估。

评估客户网站存在的各种 Web 安全隐患，针对网站开发中出现的安全隐患进行评估，在黑客攻击网站前期预知 Web 安全漏洞，提前告知客户问题所在，提醒客户及时修复 Web 漏洞，避免"网站被黑"的发生。

- 网站代码：JSP、PHP、Java 等代码合规性。
- Web 攻击：SQL 注入、XSS 跨站脚本、目录遍历、信息泄漏等主流 Web 攻击方式。
- 中间件系统：Apache、Tomcat、IIS 等。

4. 弱口令探测

漏洞扫描系统内置有弱口令字典,针对账户和密码相同、密码相对比较简单、默认密码等问题进行自动探测,测试口令是否存在弱口令现象,提高账号防破解的安全性。破解密码的难度主要取决于密码长度以及设置难度,密码长度越长、设置难度越高,黑客破解的时间越长,破解难度越大。

- 基于协议:Telnet、FTP、SSH、POP3、SMB、SNMP、RDP、DB2 等。
- 口令组合:用户名、密码、组合模式等。

5. 配置检查

漏洞扫描系统的配置检查功能,能针对操作系统、数据库、网络设备等系统的配置进行核查,并且自动启动软件执行过程的达标检测。

6. 移动端设备

漏洞扫描系统可以扫描 PC 端的操作系统。此外,在移动端设备广泛使用的大趋势下,通过 WiFi 扫描移动端上的操作系统的安全漏洞也必不可少。目前针对 iOS、Android、BlackBerry 等移动端的操作系统频繁曝光的漏洞进行安全扫描。

7. 拒绝服务攻击

漏洞扫描系统针对最简单、最暴力的抗拒绝服务攻击也提供测试扫描,提高操作系统、硬件设备、网站服务的大流量压力下的抗攻击能力,帮助客户排除因为遭受拒绝服务攻击造成的服务器宕机、设备宕机无法提供服务等安全问题。

8. 探测未知资产

漏洞扫描系统提供探测未知资产功能,针对一个 IP 段进行自动漏洞扫描,自动针对在线的 IP 地址的主机进行漏洞扫描,使用 ARP、ICMP、TCP、UDP 等多种协议测试在线主机是否存活,并提供在线主机的漏洞扫描功能。

9. 漏洞验证

漏洞扫描系统提供漏洞验证功能,主要针对 GET、POST、PUT、Delete 的 SQL 注入进行自动验证和手工验证,提供简单的 SQL 注入手工验证工具。

10. 漏洞库标准

漏洞扫描系统兼容 CVE、CNNVD、Bugtraq ID、CVSS 等特征库标准。漏洞库提供 CVE、CNNVD 等标准的漏洞库编号、漏洞信息说明等情况,并提供漏洞的解决方案的说明。

思　考　题

1. 简述互联网企业的漏洞扫描解决方案。
2. 漏洞扫描系统的解决方案有哪些优势?

英文缩略语

A

ACL	Access Control List	访问控制列表
AIX	Advanced Interactive Executive	高级交互执行体
API	Application Programming Interface	应用程序编程接口
APT	Advanced Persistent Threat	针对特定目标的攻击
ARP	Address Resolution Protocol	地址解析协议
ASVS	Application Security Verification Standard	应用安全评估标准
ATM	Automated Teller Machine	自动取款机

B

BPDU	Bridge Protocol Data Unit	网桥协议数据单元

C

CAM	Content-addressable Memory	内容可寻址存储器
CERT	Computer Emergency Response Team	计算机安全应急响应组
CSP	Content Security Policy	内容安全策略
CSRF	Cross Site Request Forgery	跨站请求伪造
CSS	Cascading Style Sheets	层叠样式表

D

DBA	Database Administrator	数据库管理员
DDOS	Distributed Denial of Service	分布式拒绝服务
DHCP	Dynamic Host Configuration Protocol	动态主机配置协议
DNS	Domain Name System	域名系统
DOS	Disk Operating System	磁盘操作系统
DTP	Dynamic Trunking Protocol	动态中继协议

E

EGP	Exterior Gateway Protocol	外部网关协议

F

FTP	File Transfer Protocol	文件传输协议

H

HTML	Hyper Text Markup Language	超文本标记语言
HTTP	Hyper Text Transfer Protocol	超文本传输协议

I

ICMP	Internet Control Message Protocol	Internet 控制报文协议
IGP	Interior Gateway Protocol	内部网关协议
IOS	Internetwork Operating System	互联网操作系统
IP	Internet Protocol	互联网协议
IPS	Intrusion Prevention System	入侵防御系统
IPSEC	Internet Protocol Security	互联网安全协议

M

MAC	Media Access Control	媒体访问控制子层协议
MD5	Message Digest Algorithm 5	消息摘要算法第 5 版
MTTR	Mean Time To Repair	平均修复时间

N

NAT	Network Address Translation	网络地址转换
NFS	Network File System	网络文件系统

O

OCR	Optical Character Recognition	光学字符识别
OWASP	Open Web Application Security Project	开放式 Web 应用程序安全项目

P

PC	Personal Computer	个人计算机
PIN	Personal Identification Number	个人识别号码
PKI	Public Key Infrastructure	公钥基础设施

R

RASP	Runtime Application Self-Protection	实时应用自我保护

S

SNMP	Simple Network Management Protocol	简单网络管理协议
SOC	System on Chip	系统级芯片
SOAP	Simple Object Access Protocol	简单对象访问协议

SQL	Structured Query Language	结构化查询语言
SSH	Secure Shell	安全外围程序
SSID	Network Name	网络名称
STP	Spanning Tree Protocol	生成树协议

T

TCP	Transmission Control Protocol	传输控制协议
TFTP	Trivial File Transfer Protocol	普通文件传送协议
TTL	Time To Live	生存时间

U

UA	User Agent	用户代理
UDP	User Datagram Protocol	用户数据报协议
UI	User Interface	用户界面
UPNP	Universal Plug and Play	通用即插即用
URL	Uniform Resource Locator	统一资源定位符
USB	Universal Serial Bus	通用串行总线

V

VLAN	Virtual Local Area Network	虚拟局域网
VPN	Virtual Private Network	虚拟专用网络
VTP	VLAN Trunk Protocol	VLAN 中继协议

W

WAF	Web Application Firewall	Web 应用防火墙
WEP	Wired Equivalent Privacy	有线等效保密
WPA	WiFi Protected Access	WiFi 保护访问
WPS	Wireless Security Settings	无线安全设置

X

| XML | Extensible Markup Language | 可扩展标记语言 |
| XSS | Cross Site Scripting | 跨站脚本攻击 |

参 考 文 献

[1] 王清. 0day 安全：软件漏洞分析技术[M].北京：电子工业出版社,2011.

[2] 林桠泉. 漏洞战争：软件漏洞分析精要[M].北京：电子工业出版社,2016.

[3] Mike Shema. Web 应用漏洞侦测与防御[M].北京：机械工业出版社,2014.

[4] 哈里斯. 灰帽攻击安全手册[M].北京：清华大学出版社,2007.

[5] Jon Erickson,范书义，田玉敏. 黑客之道：漏洞发掘的艺术[M].北京：中国水利水电出版社,2005.

[6] Tom Gallagher, Lawrence Landauer, Bryan Jeffries. 安全漏洞追踪[M].北京：电子工业出版社,2008.

[7] 刘漩. 白帽子讲 Web 扫描[M].北京：电子工业出版社,2017.

[8] OWASP T. Top 10-2017[J]. The Ten Most Critical Web Application Security Risks, 2017.

[9] 吴松泽. 基于 Web 安全的渗透测试技术研究[D].哈尔滨：哈尔滨师范大学,2015.

[10] 贺英杰，赵正海. Web 安全测试用例设计研究[J].电脑知识与技术：学术交流, 2016 (3)：32-33.

[11] 李永钢，彭云峰. Web 安全漏洞的研究[J].科技视界,2014 (32)：96.

[12] 许莹莹，梁华庆，刘伟，等. 基于 Fuzzing 技术提升 XSS 漏洞防御水平的研究[J].电子设计工程, 2017 (5)：33-36.

[13] 江导. 浏览器 WEB 安全威胁检测技术研究与实现[J].网络安全技术与应用,2014(2)：100-101.

[14] 葛强，李俊，胡永权. XSS 攻击机制及防御技术浅谈[J].计算机时代,2016(10)：11-14.

[15] 赵星. Web 漏洞挖掘与安全防护研究[D].太原：中北大学,2016.

[16] 李驰，李林. 基于 HTML5 的 Web 前端安全性研究[J].软件导刊,2016,15(5)：185-188.

[17] 冯贵兰. 主流 Web 漏洞扫描工具的测试与分析[J].信息与电脑,2016(13)：111-112.

[18] 陈春玲，张凡，余瀚. Web 应用程序漏洞检测系统设计[J].计算机技术与发展,2017,27(9)：101-105.

[19] 陈禹. Web 漏洞扫描器一览[J].计算机与网络,2016(20)：56-57.

[20] 严亚萍，胡勇. 浅析 CSRF 漏洞检测、利用及防范[J].通信技术,2017,50(3)：558-564.

[21] 刘笑杭. SQL 注入漏洞检测研究[D].杭州：杭州电子科技大学,2014.

[22] 杜雷，辛阳. 基于规则库和网络爬虫的漏洞检测技术研究与实现[J].信息网络安全,2014(10)：38-43.

[23] 余学永，江国华. 一种跨站脚本的检测方法[J].小型微型计算机系统,2015,36(8)：1763-1768.

[24] 王琪. 面向 Web 应用的漏洞扫描技术研究[D].南京：南京邮电大学,2016.

[25] 张金发. Web 应用常见漏洞的产生场景和检测规则研究[D].广州：暨南大学,2015.

[26] 曹来成，赵建军，崔翔，等. 网络空间终端设备识别框架[J].计算机系统应用,2016,25(9)：60-66.

[27] 闫淑筠，王文杰，张玉清. 一种有效的 Web 指纹识别方法[J].中国科学院大学学报,2016,33(5)：679-685.

[28] 江军，饶毓，吕志泉，等. 浏览器指纹探测识别技术研究[J].保密科学技术, 2017 (1)：38-40.

［29］ 姚冰莹. 指纹识别技术在 Web 云存储安全认证中的应用研究［D］. 广东：广东工业大学，2014.

［30］ 简雄，林先念. Linux 操作系统下的安全问题研究［J］. 软件导刊，2009(8)：156-157.

［31］ 孙小平. 网络系统安全漏洞扫描浅析［J］. 网络安全技术与应用，2016(3)：22-23.

［32］ 靳皞. 基于 Linux 系统的网络安全问题及其对策［J］. 计算机光盘软件与应用，2010(15)：45-46.

［33］ 关通，任馥荔，伟平，等. 基 Windows 的软件安全典型漏洞利用策略探索与实践［J］.信息网络安全，2014(11).

［34］ 李智. UNIX 操作系统的安全问题［J］. 中国科技博览，2010(13)：109.

［35］ 魏英韬. 浅析计算机网络安全防范措施［J］. 中国新技术新产品，2011(4)：40.

［36］ 黎源，蔡大海. 集中弱口令检查系统的分析与设计［J］. 中小企业管理与科技，2015(19)：183-185.

［37］ 张林，曾庆凯. 软件安全漏洞的静态检测技术［J］. 计算机工程，2008,34(12)：157-159.

［38］ 宋超臣，黄俊强，王大萌，等. 计算机安全漏洞检测技术综述［J］. 信息网络安全，2012(1)：77-79.

［39］ 刘颖，王丽菊. Web 应用程序常见漏洞研究［J］. 计算机光盘软件与应用，2011(21)：63.

［40］ 周浩. Windows 系统常见漏洞分析［J］. 微电脑世界，2002(22)：90-91.

［41］ 赵龙厚. 浅谈数据库系统安全中的常见漏洞［J］. 中国高新技术企业，2008(5)：99.

［42］ 王雨晨. 系统漏洞原理与常见攻击方法［J］. 计算机工程与应用，2001,37(3)：62-64.

［43］ 王继龙. 常见 Web 应用安全漏洞及应对策略［J］. 中国教育网络，2007(8)：75.

［44］ 曾少宁. 5 个常见的 Web 应用漏洞及其解决方法［J］. 计算机与网络，2013,39(12)：40.

［45］ 郑平. 浅谈计算机网络安全漏洞及防范措施［J］. 计算机光盘软件与应用，2012(3)：31-32.

［46］ 马海涛. 计算机软件安全漏洞原理及防范方法［J］. 科协论坛：下半月，2009,(6)：49.

［47］ 杨斯杰，武文斌. 数据库漏洞分类研究［J］. 电脑知识与技术：学术交流，2010,6(9)：6905-6906.

［48］ 张延红，范刚龙. SQL Server 数据库安全漏洞及防范方法［J］. 计算机时代，2006(10)：16-18.

［49］ Song Q D, Yan D J. Loopholes in Computer Security and Response Measures［J］. Computer Security，2009.

［50］ Gao L, Zhang H Q. Loopholes in Computer Systems Analysis and Detection［J］. Journal of Shangqiu Vocational and Technical College，2010.

［51］ 杨林，杨鹏，李长齐. Web 应用漏洞分析及防御解决方案研究［J］. 信息安全与通信保密，2001(2)：58-60,63.

［52］ 张治兵，倪平，周开波. 网络设备安全漏洞发展趋势研究［J］. 现代电信科技，2017,47(1)：12-17.

［53］ 张庆，宋芬，沈国良. 网络设备安全措施分析与研究［J］. 网络安全技术与应用，2008(8)：33-34.

［54］ 郑彦平. 网络设备安全措施与实现［J］. 煤炭技术，2011,30(12)：206-207.

［55］ 杨富国. 网络设备安全与防火墙［M］. 北京：清华大学出版社，2005.

［56］ 覃毅，王欢. 网络设备与网络安全［J］. 计算机安全，2010(6)：67-69.

［57］ 郑雅敏，戚益中. 电力系统信息网络安全漏洞及防护措施［J］. 科技与企业，2014(21)：66.

［58］ 杨国辉. 俄罗斯普通网络设备漏洞分析［J］. 中国信息安全，2012(11)：88.

［59］ 高洪博，李清宝，徐冰，等. 网络设备硬件漏洞研究［J］. 计算机工程与设计，2009,30(22)：5075-5077.

［60］ 张蓉泉. 网络路由设备漏洞分析测试平台设计与实现［D］. 成都：西南石油大学，2016.

［61］ 高健. 基于网络漏洞分析的安全设备部署设计研究［J］. 网络安全技术与应用，2017(4)：37.

[62] 高凌雯. 网络漏洞扫描原理分析[J]. 福建电脑，2009，25(9):58-59.

[63] 刘燕秋，勉玉静，赵文耘. 软件配置管理中版本管理技术研究[J]. 计算机工程与应用，2003，39 (21): 68-71.

[64] 黄军，刘晓梅，熊勇，等. 软件配置管理及其工具应用[M]. 北京：人民邮电出版社，2002.

[65] 倪晓峰，赵文耘，张捷. 构件软件配置管理以及其版本控制技术研究[J]. 计算机工程与应用，2005，41(2): 94-96.

[66] 王敏，王攀. 批处理在软件配置管理中的应用[J]. 计算机应用，2005，1.

[67] 周健. 软件配置管理在软件开发中的应用[J]. 铁路计算机应用，2004，13(S1): 43-45.

[68] 王环. 软件配置管理概述[J]. 航天器工程，2000，9(3): 53-59.

[69] 王甜，夏斌伟，徐辉，等. 信息系统安全等级测评配置检查工具研究与实现[J]. 计算机应用与软件，2014，31(7):311-315.

[70] 江国建，马力. 基于配置模糊的软件漏洞检测方法[J]. 计算机工程与设计，2012，33(1): 101-105.

[71] 罗方斌，陆永宁，麦中凡. 软件配置管理技术进展[J]. 计算机工程与应用，2002，38(12): 94-96.

[72] 张路，谢冰，梅宏，等. 基于构件的软件配置管理技术研究[J]. 电子学报，2001，29(2): 266-268.

[73] 于宏霞，陈凯，白英彩. 基线技术在软件配置管理过程中的应用[J]. 计算机应用与软件，2006，23(2):43-45.

[74] 严晓光，王小刚，陈曼煜. 软件配置管理的问题、目的、层次和策略[J]. 计算机工程与科学，2009，31(5):90-92.

[75] 任永昌，朱萍，李仲秋. 基于基线的软件配置管理版本控制[J]. 计算机技术与发展，2012(11): 113 115.